U0185598

水库信息化工程新技术研究与实践

赵喜萍 张利刚 王 炜 张 燕 著

黄河水利出版社
·郑州·

内容提要

水库信息化是一个跨学科、跨专业的新型研究课题,主要涉及水利、信息、控制、计算机及自动化专业领域的基础知识和应用。本书以水库工程为平台,以自动控制理论为基础,以信息、计算机等多学科技术为手段,重点介绍水库信息化方面的多学科专业知识,主要包括绪论、水库水情自动测报系统的开发、水库实时洪水调度系统的开发、山西省册田水库水信息管理中心系统的开发、水库水质监控系统的开发等内容。

本书可供从事水利设计、工程施工、工程管理、水利信息化、水利工程计算机网络的管理人员,特别是防汛、抗旱、水文、水资源、水经济等技术人员,以及有关院校的研究人员、博士生及硕士研究生阅读参考。

图书在版编目(CIP)数据

水库信息化工程新技术研究与实践/赵喜萍等著. —郑州:黄河水利出版社,2020.2
ISBN 978 - 7 - 5509 - 2599 - 1

Ⅰ.①水… Ⅱ.①赵… Ⅲ.①水库工程 - 信息化建设 - 研究 Ⅳ.①TV62 - 39

中国版本图书馆 CIP 数据核字(2020)第 031508 号

组稿编辑:李洪良 电话:0371 - 66026352 E-mail:hongliang0013@ 163. com

出 版 社:黄河水利出版社 网址:www.yrcp.com
地址:河南省郑州市顺河路黄委会综合楼 14 层 邮政编码:450003
发行单位:黄河水利出版社
发行部电话:0371 - 66026940、66020550、66028024、66022620(传真)
E-mail:hhslcbs@ 126. com
承印单位:虎彩印艺股份有限公司
开本:787 mm × 1 092 mm 1/16
印张:9.75
字数:230 千字 印数:1—1 000
版次:2020 年 2 月第 1 版 印次:2020 年 2 月第 1 次印刷

定价:60.00 元

前　言

　　水库信息化是一个跨学科、跨专业的新型研究课题,主要涉及水利、信息、控制、计算机及自动化专业领域的基础知识和应用。实现目标是利用先进实用的计算机网络技术、水情自动测报技术、自动化监控监测技术、视频监视技术、大坝安全监测技术,实现对水库工程的实时监控、监视、监测及管理,基本达到"无人值班、少人值守"的管理水平。

　　对于水库的运行和管理建立综合自动化系统,是实现水库科学运行数字化、信息化、现代化管理必不可少的手段和平台。通过选取性能可靠的软硬件和系统开发,采用现代计算机监控的各项技术手段,对大坝安全监测、水雨情、闸门监控、视频监视、办公自动化各子系统进行有机集成,实现资源共享、科学调度,合理利用水资源,以充分发挥水库最大的经济效益和社会效益。

　　本书以水库工程为平台,以自动控制理论为基础,以信息、计算机等多学科技术为手段,重点介绍水库信息化方面的多学科专业知识,主要包括绪论、水库水情自动测报系统的开发、水库实时洪水调度系统的开发、山西省册田水库水信息管理中心系统的开发、水库水质监控系统的开发等内容。

　　本书中部分引用了我国水利工程有关的勘测、设计、自动化系统开发、相关科研单位和高等院校的科研及设计成果,作者在此一并致谢!还要感谢关心和支持本书出版的黄河水利出版社、太原理工大学水利科学与工程学院若干从事水利工程技术开发和科学研究的朋友们!

　　全书共5章,由太原理工大学赵喜萍教授担任主编,主审了全部内容。太原理工大学张利刚完成了8万字的编写工作量,太原市水利技术推广服务站王炜高级工程师完成了10万字的编写工作量,太原理工大学张燕完成了5万字的编写工作量。全书由张利刚完成了全部稿件的统稿工作,该书得到了太原理工大学水利科学与工程学院吴建华教授的支持。

　　本书的研究成果能为我国水库工程自动化管理水平的提高有作用将是我们

最大的愿望。水库工程集水工、水文、供水、施工、地质及管理为一体,涉及水利水电、水力机械、电气设备、水利施工、土木建筑、计算机控制及信息工程等多个学科,信息采集、预报和管理的范围是相当广泛的。

　　受作者知识的局限性,书中难免有错误和疏漏之处。欢迎读者提出批评、建议,也希望了解读者在工作中的经验,以便共同学习和提高。

编　者

2019 年 11 月于山西太原

目　录

第一章　绪　论

　　水利是国民经济的基础产业，水利的发展是保证国民经济和社会可持续发展的基础建设工程。中华人民共和国成立以来，经过半个多世纪的建设与发展，水利工程建设取得了巨大成就，但是，洪涝灾害、干旱缺水、水土流失和水污染等四大问题还远没有解决，每年带来的损失也越来越巨大，水资源与国民经济和社会发展不相适应的矛盾越来越突出，已经严重影响全面建成小康社会目标的实现。面对严峻形势，应用现代科学理论和高新技术，对水利工程实行科学管理，确保对水资源的合理开发、高效利用、优化配置、全面节约、有效保护和综合治理，用水利信息化来带动水利现代化已经成为中国21 世纪水利事业发展的必然。

　　水利信息化是水利现代化的基本标志和重要内容。水利信息化，具体来讲就是充分利用现代信息技术，开发和利用水利信息资源，包括对水利信息进行采集、传输、存储、处理和利用，提高水利信息资源的应用水平和共享程度，从而全面提高水利建设和水事处理的效率与效能。水利信息化的建设任务可分为三个层次，即国家水利基础信息系统工程、基础数据库和水利综合管理信息系统。水利信息化是从传统水利向现代水利转变的物质实现，是实现水资源优化配置和统一管理的需要，也是国家基础国情信息之一。

　　水利行业是一个信息密集型行业，古今中外均十分重视水利信息的收集、整编和利用。长期的水利实践证明，完全依靠工程措施，不可能有效地解决当前复杂的水问题。广泛应用现代信息技术，充分开发水利信息资源，拓展水利信息化的深度和广度，工程措施与非工程措施并重是实现水利现代化的必然选择。以水利信息化带动水利现代化，以水利现代化促进水利信息化，增加水利的科技含量、降低水利的资源消耗、提高水利的整体效益是 21 世纪水利发展的必由之路。因此，加速水利信息化建设，既是国民经济信息化建设的重要组成部分，也是水利事业自身发展的迫切需要。

　　我国水利行业的现代信息技术应用工作起步较早，目前，信息技术在某些业务信息采集、传输、存储、处理、分析和服务的部分环节中已发挥了显著作用。但从总体上看，业务处理仅实现了部分数字化，相关技术规范不完善，硬件实施的研发与可靠性的提高方面有待进一步完善，信息共享机制不健全，有限的数据资源总体质量不高，使用效率较低。水利信息化总体上仍处于起步阶段，地区发展极不平衡。

　　在水利信息采集方面，全国水利系统已有 50% 的雨量监测数据和近 40% 的水位监测数据采集实现了数字化长期自动记录，流量和其他要素的自动测验方面也在进行积极的探索。部分重点防汛地区建成了水文信息自动采集系统，工情、旱情、灾情、水资源、用水节水、水质、水土保持、工程建设管理、农村水利水电、水利移民、规划设计和行政资源等信息采集也具有一定的手段。航空航天遥感、全球定位等技术在部分业务中得到应用。

在计算机网络与信息传输方面，目前从水利部到各流域机构和各省（自治区、直辖市）水文部门之间，初步形成了基于中国分组交换网的全国实时水情计算机广域网，能进行实时水情信息传输；部分地区建成了宽带计算机广域网，全国部分省级以上水利行政主管部门建立了信息发布网站，并连入因特网，开始向社会提供部分水利信息。部分重点防洪省（自治区、直辖市）已初步实现了水雨情信息传输网络化、接收处理自动化和信息管理数字化，提供水雨情信息服务的水平与能力有了一定的改善。

从信息利用的角度来看，现有预报模型只利用降雨、水位、径流资料，使用信息有限，利用现代化信息手段，如雷达测雨、卫星遥感、地理信息系统（GIS）等，为水文预报提供可靠的技术支持。充分利用和发挥现有通信和计算机的功能，建立水文预报和水库调度综合自动化系统，开发用户界面友好、应用简便、图表并茂的人机交互式应用软件。德国、法国、荷兰等欧洲国家在水情自动测报上的发展趋势为：模拟技术、地理信息系统等应用到河流堤防管理的风险分析中，在洪水预警预报方面，将卫星、雷达、天线等现代化的设备和手段应用到洪水预报中。由于雷达能测定雨滴的大小、密度、云层及雨区的分布、移动、强度等，且数据直接进入预报系统，因此不仅提高了洪水预报精度，还增长了洪水预见期。同时，采用遥测遥感、地理信息等技术，及时调整和修改洪水预报模型，使模型更符合地理特征、洪水规律，预报精度更高、预见期更长。

基于国计民生的急切需要，我国水利信息化技术与电子、通信、计算机等技术有了同步发展，在其发展过程中经历了各个不同的阶段。在水情监测传感器开发研究方面，由早期的分立式电子元件组成的系统或稍后由单片机构成的系统，是这类遥测设备的原始产品。其后发展成由单片机芯片和大规模集成元件组成的板块结构的测报系统，使系统的功能和可靠性大大提高。为了适应多目标、多用途的需要，有的部门开发单片微机总线结构的测报设备。目前，我国水情自动测报的测控设备生产已有了比较雄厚的技术基础，形成了一套较完整的能满足需要的国产设备，也具有打入国际市场的能力，但是在量测传感器的适应性、监测数据传输设备的功能和可靠性等方面的技术上还存在较大的薄弱环节，一定程度上影响和限制了全系统设备的整体功能与水情自动测报系统效益的发挥。

除常规的布置地面遥测点收集水情信息外，很多国家将雷达测雨技术纳入整个水情测报系统，它能有效地用于大面积测雨，其实时性强、覆盖面大。由雷达测雨系统输出数据经计算机处理，可在地域上和时间上测量降雨的时空分布，并具有一定的数据精度，它与地面遥测雨量数据配合应用，能收到更好效果。日本在1986年就已建成具有雷达测雨和地面遥测雨量功能的自动处理系统。美国、英国、加拿大等国也都建有不少雷达测雨系统。此外，我国的一些重要枢纽和防洪任务重的地区，有的已经建立了自己区域内的气象卫星云图接收系统。接收中央气象局及国外一些气象中心发布的气象资料，并把它纳入水情自动测报综合管理范畴。我国气象和航空部门也已采用雷达测雨技术作为气象预报的重要手段之一，预计在不远的将来，该技术在水利、水电各部门将有可能得以推广和应用。

在水情遥测技术方面，早期采用较低无线电频段（30～100 MHz）的模拟信号通信方式，其后逐步改用较高频段（100～400 MHz）数据通信方式，它们属于 VHF/UHF 超短波段范围。它具有一定的绕射能力和抗干扰能力，比较适用于较远距离的山区水情数据传送，对于非近距离的障碍物，不会形成严重的通信阻隔。对于阻隔较严重的多山地区，它仍能选择适当的中继站来实现较远距离的山区通信，所以大多数情况下的水情数据传输均可采用超短波通信方式来实现。但当测报范围扩大和测报地区地形极端复杂时，超短波水情数据通信受到局限。最理想的偏远地区及大范围多路数据通信方式当属卫星通信方式。

随着卫星通信的新发展，在提高卫星通信的利用率，降低卫星通信的成本，满足不同业务方面，出现了许多新技术，构成了一些新型的卫星通信网络。Inmarsat 国际卫星移动通信系统和 VSAT 卫星网系统是新近几年发展起来的卫星通信网络系统，它们更适合于水情数据的传送。这些新型卫星通信网络系统在水情数据通信方面已进入实地应用阶段。

在水情遥测数据传送方面，国内相关的科研单位在个别地区进行了短波通信试验和应用。由于短波信道受大气和季节影响及其他无线电台干扰很大，噪声严重，因此应采用抗干扰调制解调技术及纠检错和自动换频技术，甚至还必须采用更复杂的电子技术以改善通信质量。因其固有的技术难点目前很难完全解决，尤其在卫星数据通信技术日益完善的情况下，其在水情自动测报中的发展前途不定。

在国外，一些公用电话网络发达的国家乐于采用有线水情数据通信，我国大部分地区尚不具备这种条件。不过，国内很多管理单位已经有了地面微波通信，在已建有微波通信联系的情况下，如若可能，利用它们之间的微波线路传输水情数据是可行的。

美国是唯一利用流星余迹进行水情数据传送的国家，他们建成的 SNOTER 流星余迹通信系统，带有 60 个遥测站点，通信距离可达 2 000 km。利用流星余迹进行通信的频率通常为 40～50 MHz，传输速率为每秒几千字节。

德国各洪水预报中心通过掌握流域内的水情信息站、全国 16 个测雨雷达站（雷达覆盖半径为 100 km）每 5～15 min 进行资料扫描、卫星云图信息等，在此基础上进行洪水作业预报。其洪水预报的结果通过广播电台、图文电视、电话预报、索取传真和因特网等多种途径向公众发布。

法国江河水情信息的传输以公用电话为主，以超短波通信为辅。预报中心通过雷达和天线的监测，其预报警报成功率达 80% 以上，误差主要来源于当地产生的云团和区间的降雨。

数据采集和传输智能设备单元的开发研究：开发研究使用稳定可靠、价格低廉、具有强兼容性的数据采集和传输智能设备单元（RTU 或 MCU），以真正确保水情信息系统可靠地运行，发挥其最佳的水文效益也成为水利信息化系统高效运营的关键技术之一。

虽然在水利业务中广泛应用现代信息技术、开发信息资源为特征的水利信息化建设已经起步，但进展比较缓慢，各级水行政主管部门、各水利业务领域发展也很不平衡，覆盖全国的水利信息网络尚未形成。对照国民经济信息化的发展要求，当前水利信息化存在的问题主要表现在以下几个方面：

（1）信息资源不足。信息资源不足主要表现为时效较差、种类不全、内容不丰富、基准不同、时空搭配不合理等，特别是信息的数字化和规范化程度过低，更加重了信息资源开发利用的难度。我国在水情站网的布设和报汛手段方面经历了不断完善的过程，目前已经形成 8 000 处左右的报汛站点，这是防汛水情信息的主要信息源。但为了满足国家防汛指挥系统工程的需要，必须扩大水文情报预报信息源，在重点防洪区需采用测雨雷达、卫星遥感技术和地理信息系统技术，以取得更多的水文信息，并与水文预报系统相连接，从而进一步提高预报精度和增长有效预见期。

（2）信息共享困难。由于水利信息化还处于起步阶段，各种信息基础设施与共享机制仍不配套，导致有限的信息资源共享困难。主要表现在：服务目标单一，导致条块分割；标准规范不统一，形成数字鸿沟；共享机制缺乏，产生信息壁垒；基础设施不足，阻碍信息交流，关于这一点，水利和气象等部门的科研工作者必须大力地研究和配合，以确保水利信息化更好服务于国民经济的建设。

（3）应用基础薄弱。信息开发与应用的基础是信息的共享和水利业务处理的数字化。除因信息资源限制导致的应用水平低外，对信息技术在水利业务应用的研究不充分，大多数水利业务数学模型还难以对实际状况做出科学的模拟。各级水利业务部门低水平重复开发的应用软件功能单一、系统性差、标准化程度低，信息资源开发利用层次较低、成本高、维护困难，不能形成全局性高效、高水平、易维护的应用软件资源。

水利信息化建设是一项重要的公益性事业，政府投入是主要的资金来源。2002 年，我国用于水利行业信息化建设的整体投资约为 10 亿元，较 2001 年有较大幅度的增长。预计随着国家和社会对水利信息化重视程度的提高，未来 5 年，中国水利信息化建设投资总规模将有望超过 70 亿元。水利信息化建设的突飞猛进，与国家提出进行"金水"工程建设有很大的关系。

随着水利信息化建设的逐渐成熟，未来的水利信息化市场也会出现逐渐"软化"的现象，即软件与信息服务市场发展迅速，成为促进水利信息化市场持续快速增长的新动力。水利行业的网络建设将逐步放慢；与之相对的是，水利行业的十大应用系统建设成为信息化重点，其中的建设重点仍是防汛抗旱指挥系统。同时，信息服务投资激增，市场份额将显著扩大。

为拦蓄洪水而设计的大坝，通常是水利枢纽中的重要建筑物，用以开发河流的灌溉、供水、发电、防洪、航运、养殖及疗养等功能。人们期望水利枢纽中的核心建筑物——大坝能够安全地承受巨大的水压力，以最大限度地利用有限的水资源。大坝一旦失事，瞬间大量的非计划泄放的库水将对下游人民的生命财产造成巨大的损失。因此，大坝的安全调度和运行是关系国计民生的重大问题。目前，国内已经建成或者正在建设的水利枢纽中，土石坝居多，也是本书介绍的重点内容。所以，研究土石坝的安全、自动化监测与控制问题一直是广大水利工作者非常关注的重要课题，在水利信息化技术飞速发展的今天，研究开发土石坝综合自动化系统及供水系统的自动化更有着非常重要的意义。

水利信息化基础土石坝自动化系统包括六个部分：水情流域自动测报系统、水库水质自动测报系统、大坝自动化安全监测系统、闸门远程监控系统、水库库区视频监测系统、信息中心管理系统。土石坝综合自动化系统的主要功能简介如下：

土石坝综合自动化系统由水情（水质）自动测报系统、大坝安全监测系统、闸门监控系统、视频监控系统及水库信息中心管理系统组成。其中，水情（水质）自动测报系统、大坝安全监测系统、闸门监控系统以及视频监视系统均为相对独立的子系统，各个子系统之间相互独立运行。水库信息中心管理系统位于各个子系统之上，并成为连接各个子系统的纽带，它提供了各个子系统运行所需要的网络平台、主服务器等硬件平台。除此之外，信息中心管理系统的综合数据库系统通过与各个子系统的数据接口，可以将各个子系统的数据通过会议设备与大屏幕显示设备集中展示在使用者面前，从而将各个子系统集成到一起。

（1）水情（水质）自动测报是为适应江河、水库、水电站、城镇等防洪调度的需要，逐步实现其现代化管理目标，采用现代化科技对水文信息进行实时采集、传输、处理及预报为一体的自动化技术，是有效解决江河流域及水库洪水预报、防洪调度及水资源综合利用的先进手段。

建立水库水情自动测报系统，能够迅速、准确掌握本流域水情及水库上游来水情况，及时准确做出洪水预报，保证水库科学合理调度，为水库下游防洪服务，为水库本身和下游广大城镇人民生命财产安全提供保障。

水库建设的一个很重要的作用是为工农业和生活供水，为保证水质符合环境要求，必须建立水质监测站。

（2）通过建立一套功能齐全、稳定可靠、使用方便的工程安全监测自动化网络系统，不但能够快速完成工程安全监测数据采集工作，做到观测数据快速整编、及时分析、及时反馈，同时也可降低现场工作人员的工作强度，达到少人值守或无人值守。

工程安全监测自动化网络系统建成后，可以及时提供枢纽工况，避免坝体失事对下游人民的生命财产造成威胁；在高水位时期能够及时向防汛部门等有关部门提供枢纽运行数据及分析结果，防汛指挥部根据枢纽工况，减少闸门溢流量，进而减少下游农田淹没损失。

（3）闸门远程监控系统是实现水利工程自动化所必不可少的组成部分，是计算机技术、系统控制技术、网络通信技术充分结合的产物。该系统能自动采集系统内各项参数，并进行计算，同时根据实时闸门运行状况，按照"水利工程调度运行方案"，实时监控闸门做出调度方案予以执行，实现水闸调度与监控自动化。

（4）视频监控系统将被监控现场的实时图像和数据信息准确、清晰、快速地传送到监控中心，监控中心能够实时、直接地了解和掌握各被监控现场的实际情况，做出相应的反应和处理。

高性能的视频监控网络可以使各监控点成为一个集通信网络、图像处理、自动控制于一体的智能化管理系统。它除具有传统的监视功能外，还可以通过计算机网络使位于不同地点的监视者利用单一的通信线路实现对各种监控设备、各类监控点的使用和控制，并且成功地将有线电视闭路监控同计算机网络有机地结合在一起，实现远程监控。

（5）信息中心管理系统建设主要包括信息中心网络建设、数据库系统建设、信息服务系统建设、防汛会商系统及大屏幕显示系统建设。信息中心管理系统需考虑与闸门自动监控系统、大坝安全监测系统、视频监视系统、水情（水质）自动测报系统等子系统的接口，还应充分考虑与上级防汛指挥系统的接口。

建设大屏幕显示系统、会议会商系统，实现对监控视频信号的集中管理、存储和综合利用。能够接入视频信号，并实现集中控制切换至显示系统。

可以预见，《水库信息化工程新技术研究与实践》的出版必将为水利工程的安全运行及提高自动化管理水平发挥重要的作用，这也是作者的期待。

第二章　水库水情自动测报系统的开发

第一节　综　述

　　水情自动测报系统是防汛抗旱的耳目和参谋，是防洪决策、水资源优化调度、水工程运行管理的重要手段，是一项重要的防洪非工程措施。水情自动测报系统采用现代科技对水文信息进行实时遥测、传送和处理，是有效解决江河流域及水库洪水预报、防洪调度及水资源合理利用的先进手段。它综合水文、电子、电信、传感器和计算机等多学科的有关最新成果，用于水文测量和计算，以提高水情测报速度和洪水预报精度，对保护人民生命财产安全，充分发挥水工程效益，保障社会稳定和国民经济可持续发展起着极其重要的作用。

　　我国是一个多洪水灾害的国家，大小洪水连年不断。1954年长江中下游武汉地区发生的大洪水，1958年在黄河下游、1963年和1975年在海河及淮河上游地区相继发生的特大洪水都造成了巨大的损失。1989年辽河大水、1991年华东大水也造成了巨大的自然灾害。1998年长江流域、松花江及嫩江流域发生的特大洪水，造成了历史上罕见的水灾。报汛不及时、水情不明是加重灾害的主要原因（1998年特大洪水中，水情测报系统对洪水预报和防洪调度发挥了巨大的作用）。建设水情自动测报系统是一项投资少、工期短而又十分有效的非土建工程性的防洪措施，已为世界各国所普遍采用。推广水情自动测报技术，提高防洪减灾管理水平，确保安全度汛，造福人民，已经成为水利工作者的重要职责。

　　在水库调度工作中，要及时、正确地掌握水情、汛情，搞好防洪度汛工作。一方面，水文自动测报系统要及时、准确、快捷地采集水情；另一方面，还要通过计算机在较短的时间内做出洪水预报。该系统对水电站的防洪、排沙、发电、调峰、调频、灌溉、航运、漂木等均有十分重要的意义。

　　水文自动测报系统按规模和性质的不同，可分为水文自动测报基本系统和水文自动测报网。水文自动测报基本系统由中心站（包括监测站）、遥测站、信道（包括中继站）组成。水文自动测报网是通过计算机的标准接口和各种信道，把若干个基本系统连接起来，组成进行数据交换的自动测报网络。

一、水情自动测报系统国内外研究概况及发展趋势

美国和日本是世界上较早重视水情自动测报技术开发的国家。美国曾提出过采用非工程性的防洪措施作为防汛方针之一的提案，日本的"河川法"也早就强调了非工程性防洪的作用。20世纪70年代后期，他们的水情自动测报技术产品已经逐渐成熟且进入国际市场。

随着微型计算机、单片机芯片的发展以及无线电通信质量的提高，水情自动测报技术有了较快的发展。1976年，美国SM公司与美国天气局合作研制成的一套水情自动测报设备是这个时期有代表性的产品。20世纪80年代，由于遥控设备的完善，数据传输方式的多样化、可靠性的增加，计算机技术和预报调度软件的进一步发展，水情预测和防洪调度自动化技术在世界范围内得到广泛的应用。美国、日本等国的产品纷纷进入第三世界市场。20世纪90年代以后，其产品在水利、水电、气象及各类要求遥测水文、气象参数的专业领域都适时地得以应用。

我国水情自动测报技术的开发研制始于20世纪70年代中期，形成初期产品在国内一些水库实地应用，当时受日本应答式体制产品影响较大。我国早期也有过自报式水情测报装置，但其设备缺陷较大，误差很大，未能达到实用阶段。20世纪80年代中期，我国以较高的起点、较快的速度确立了自己的技术基础，建成了很多自己的水情自动测报系统。1983年正式开发、1986年投入运行，由中国水利水电科学研究院研制的黄龙滩水情遥测和洪水预报、防洪调度自动化系统是国产化正规产品的起点，其后，国内先后建成了一些水情自动测报系统。20世纪90年代是我国这一专业技术发展最快的时期，一些较大的系统相继建成，其中包括岩滩、天生桥、五强溪等水电厂较大的水情自动测报系统。特别是近几年，雨、水情遥测系统得到了较大的发展，无线通信技术、遥感遥测技术和计算机应用技术在防汛工作中得到了广泛应用，极大地提高了防汛工作的主动性和超前性。

目前，我国水情自动测报的测控设备生产已有了比较雄厚的技术基础，形成了一套较完整、能满足需要的国产设备，也具有打入国际市场的能力，但是在量测传感器的适应性、监测数据传输设备的功能和可靠性等方面的技术上还存在较大的薄弱环节，一定程度上影响和限制了全系统设备的整体功能及水情自动测报系统效益的发挥。

在水情遥测技术方面，早期采用较低无线电频段（30~100 MHz）的模拟信号通信方式，其后逐步改用较高频段（100~400 MHz）的数据通信方式，它们属于VHF/UHF超短波段范围，具有一定的绕射和抗干扰能力，比较适用于较远距离的山区水情数据传送，对于非近距离的障碍物不会形成严重的通信阻隔；对于阻隔较严重的多山地区，它仍能选择适当的中继站来实现较远距离的山区通信，所以大多数情况下的水情数据传输均可采用超短波通信方式来实现，但当测报范围扩大和测报地区地形极端复杂时，超短波水情数据通信受到局限，最理想的偏远地区及大范围多路数据通信方式当属卫星通信方式。随着卫星通信的新发展，构成了一些新型的卫星通信网络。Inmarsat国际卫星移

动通信系统和 VSAT 卫星通信系统是近几年发展起来的卫星通信网络系统，它们更适合于水情数据的传送。这些新型卫星通信网络系统在水情数据通信方面已进入实地应用阶段。

在水情遥测数据传送方面，国内相关的科研单位在个别地区进行了短波通信试验和应用。由于短波信道受大气和季节影响及其他无线电台干扰很大，噪声严重，因此应采用抗干扰调制解调技术及纠检错和自动换频技术，甚至还必须采用更复杂的电子技术以改善通信质量，因其固有的技术难点目前很难完全解决，尤其在卫星数据通信技术日益完善的情况下，其在水情自动测报中的发展前途不明。

在国外，一些公用电话网络发达的国家乐于采用有线水情数据通信，我国大部分地区尚不具备这种条件。不过，国内很多管理单位已经有了地面微波通信，在已建有微波通信联系的情况下，如有可能，利用它们之间的微波线路传输水情数据是可行的。

美国是唯一利用流星余迹进行水情数据传送的国家，他们建成的 SNOTER 流星余迹通信系统，带有 60 个遥测站点，通信距离可达 2 000 km。利用流星余迹进行通信的频率通常为 40～50 MHz，传输速率为每秒几千字节。

德国各洪水预报中心掌握着流域内的水情信息站、全国 16 个测雨雷达站（雷达覆盖半径为 100 km），每 5～15 min 进行资料扫描、获取卫星云图信息等，在此基础上进行洪水作业预报。其洪水预报的结果通过广播电台、图文电视、电话预报、索取传真和因特网等多种途径向公众发布。

法国江河水情信息的传输以公用电话为主，以超短波通信为辅。预报中心通过雷达和天线的监测，其预报警报成功率达 80% 以上，误差主要来源于当地产生的云团和区间的降雨。

德国、法国、荷兰等欧洲国家在水情自动测报上的发展趋势为：模拟技术、地理信息系统等应用到河流堤防管理的风险分析中，在洪水预警预报方面，将卫星、雷达、天线等现代化的设备和手段应用到洪水预报中。由于雷达能测定雨滴的大小、密度，云层及雨区的分布、移动、强度等，且数据直接进入预报系统，因此不仅提高了洪水预报的精度，还增长了洪水预见期。同时，采用遥测遥感、地理信息等技术，及时调整和修改洪水预报模型，使模型更符合地理特征、洪水规律，预报精度更高、预见期更长。

在数据处理、洪水预报和防洪调度等方面，从过去单一目标、单一管理，发展到水情测报与厂内监控信息互联、水情遥测网之间资料共享，以更好地实现防洪与发电的优化调度。目前，国内有的省份已经初步实现对所属各水情自动测报系统的水情信息进行计算机联网管理，进而有可能为大流域、大区域的水资源进行宏观调度和管理提供决策。这方面的工作正在逐步深化，有广阔的研究和开发潜力。

关于水情参数的测报方法，除常规的布置地面遥测点收集水情信息外，很多国家将雷达测雨技术纳入整个水情测报系统。它能有效地用于大面积测雨，其实时性强、覆盖面大。由雷达测雨系统输出数据经计算机处理，可在地域上和时间上测量降雨的时空分布，并具有一定的数据精度，它与地面遥测雨量数据配合应用，能收到更好效果。日本在 1986 年就已建成具有雷达测雨和地面遥测雨量功能的自动处理系统。美国、英国、加拿大等国也都建有不少雷达测雨系统。此外，我国的一些重要枢纽和防洪任务重的地区，有的已经建立了自己区域内的气象卫星云图接收系统。接收中央气象局及国外一些气象中心发布的气象资料，并把它纳入水情自动测报综合管理范畴。我国气象和航空部门也已采用雷达测雨技术作为气象预报的重要手段之一，预计在不远的将来，该技术在水利、水电及农业等部门将有可能得以推广和应用。

二、国内水情自动测报系统的建设目标

根据我国现有江河、水库洪水预报的现状和存在的问题，结合国内外现有的新技术及成功的经验，开展的研究工作及建设目标具体如下。

（一）研究开发水情测报系统中的监测和传输设备

在水情测报系统一次传感器的开发中，价格低廉、使用可靠的数据设备的研究已经成为系统能否真正发挥效益的关键所在。目前，从国内外已经建成的水情自动测报系统来看，一次传感器尤其是水位传感器的使用不稳定，数据采集及传输设备的开发各自为政，没有统一的标准，形成了系统使用过程中，故障率偏高，抗干扰性能及可靠性降低的局面。

国内水文站目前对水位信号采集基本采用传统的浮子式水位传感器。除检测原理原始、精度较低外，其致命的弱点是无法在水流急的河流中正常工作，需要在采集点建设辅助测井，投资较大；国际上，近年来研制并较多使用的是压差式水位传感器与超声波水位传感器。与浮子式水位传感器相似，压差式水位传感器不能在含有泥沙的河流中正常工作，而超声波水位传感器对工作环境条件要求较高，而我国大多数水文观测站都建在自然条件较差的地方，在使用中普遍存在精度低、可靠性差的问题。

由于上述原因，导致我国流域（省、市）区域水文信息管理网络自动化程度不高和软件开发水平不高，成为影响水资源合理调度和利用的瓶颈与关键技术。因此，对上述问题的研究与解决是一个十分必要和紧迫的战略问题，研究开发水情测报系统中的监测和传输设备已经成为当务之急。

（二）扩大水情测报信息源

我国在水情站网的布设和报汛手段方面经历了不断完善的过程，目前已经形成8 000处左右的报汛站点，这是防汛水情信息的主要信息源。但为了满足国家防汛指挥系统工程的需要，必须扩大水文情报预报信息源，在重点防洪区需采用测雨雷达、卫星遥感技术和地理信息系统技术，以取得更多的水文信息，并与水文预报系统相连接，从而进一步提高预报精度和增长有效预见期。

（三）发展水情测报技术

目前，水情自动测报取得了显著的技术进步，但必须着手解决水文作业预报系统计算机软件的发展不平衡问题。在继续提高制作模型技术手段的同时，加强对降雨径流形成物理规律的研究，不断增强对模型结构物理意义的认识；大力开展干旱、半干旱地区和平原水网区的流域水文模型的研究；在对流域水文模型进行进一步应用和完善后，应使软件商品化，以利推广；要认真总结研究雨洪不对应和模型不相适应的问题，以提高水文模型的精度；探讨研究与雷达测雨、卫星信息估计降雨量相匹配的流域水文模型。进一步研制开发水情预报系统，须避免低水平重复开发，必须减少人、财、物浪费，必须使系统便于改进和推广。

（四）国家防汛指挥系统的建立

国家防汛指挥系统是一个集水情、雨情、旱情、工情等为一体的现代化的庞大系统工程，在信息采集系统中，就水情采集系统而言，涵盖 224 个地级水情分中心和 3 002 个中央报汛站及中央直管的 7 个工程单位、9 个大型水库和 12 个蓄滞洪区。在通信系统中，就卫星通信骨干网而言，涵盖 100 座大型水库和 224 个水情分中心，并计划在 3 002 个中央报汛站中选择 665 个建立防洪卫星数据平台。在计算机网络系统中，在 224 个水情分中心和各级防汛抗旱指挥部门之间建立互联互通的计算机广域网。

（五）实时洪水预报的研究

提高制作模型的精度：探讨研究与雷达测雨、卫星信息估计降雨量相匹配的流域水文模型。预见期内降水预报是增长预见期和提高预报精度的关键所在。在实时预报系统中如何增长预见期、如何进行预见期内的校正将成为这一领域的研究热点。根据近年来我国数值天气预报业务的高速发展，在洪水预报领域内应用气象业务部门的成果——数值天气预报产品，制作满足洪水预报要求的流域定量降雨预报是一条切实可行的途径。在预报模型方面，不要将降水预报与洪水预报人为地分割开，应将两者有机地结合在一起，建立一个实时水文气象耦合预报模型，通过考虑未来降水量预报及利用实测降雨量和流量进行实时校正，使洪水预报精度得以提高。

总之，在新形势下，如何有效地发挥水情自动测报系统的经济效益，最大限度地服务于国民经济建设，确保国民经济的可持续发展，是人们面临的光荣而艰巨的任务。

三、洪水预报方法研究现状与发展趋势

（一）产汇流理论与模型

1. 径流形成的过程

从降雨到形成出口断面流量的整个水文过程，称为径流形成过程，它是陆地水文循环的一个重要环节。从实质上讲，它是水体沿不同方向、通过不同界面和介质的水流运动，是在各种力的作用下寻求平衡的一个物理过程。在这个过程中，水的运动可分为垂向和侧向两类运行机制。垂向运行机制将降水进行再分配，形成不同的径流成分；侧向运行机制是将不同径流成分在时程上进行再分配，形成出口断面的流量过程。为了便于降雨径流分析，一般都把径流形成过程相对地分解为产流和汇流两个过程，分别进行研究。

2. 产流概念与产流机制

长期以来，霍顿（R. E. Horton）提出的产流概念，成为人们理解径流形成机制的基本概念和建立一些水文分析、计算方法的基本原则。霍顿产流概念的基本观点是：超渗雨形成地面径流，当土壤田间持水量补足以后，稳定下渗量形成地下径流。霍顿这一论述只能解释均质包气带的产流机制，从20世纪60年代起，这一理论开始受到挑战，并于20世纪70年代初提出了不同于霍顿产流机制的壤中径流和饱和地面径流的形成机制及回归流概念，出现了所谓的山坡水文学学派。

产流机制是指：水流沿土层垂向运行中，在供水与下渗矛盾支配下的发展过程和机制。有学者总结了界面产流的共同规律"界面产流机制"，它反映了不同径流生成的基本规律及产流的物理实质，因为界面本身包含了供水与下渗矛盾的概念，即 $f_{p上供} > f_{p下渗}$ 才能产生径流这一必要条件。产流机制研究的进展，有力地推动了降雨产流量计算方法和流域水文模型的发展。

由此可见，一次降雨产生出口断面的总径流是由地面径流、壤中流、浅层地下径流和深层地下径流所组成的。由于降雨产流过程十分复杂，各种概念都可能在相同流域或不同流域、相同时间或不同时间出现，将随流域地形、土壤、植被、土地利用状况及流域气候和降雨特性等情况而定。因此，必须针对流域特征探索适合流域的降雨径流预报方法。

3. 产流计算模型

近几十年来，水文学家通过对大量水文资料的分析研究，提出了湿润地区以蓄满产流为主和干旱地区以超渗产流为主的重要论点，建立了流域产流计算的实用方法，从而使霍顿产流理论在生产实际中得到了广泛应用。

API（前期雨量指数）用于流域产流预报是一种传统的方法。最初，由于这种方法主要针对独立的次洪产流量计算，故后被称为次洪 API 模型（配合单位线法预报汇流）。也有文献提出，将 API 方法与单位线法相结合，并发展成为一个完整地模拟降雨径流过程的流域模型，后称为连续的 API 流域模型。有学者指出了 API 模型的局限性，将分散性结构引入模型，对其做了进一步的改进，最终形成了一套适合计算机处理的模型参数离线分析处理系统和实时预报模型系统。还有对 API 模型的参数率定技术重新进行了研究，找到了 API 模型传统研制技术与计算机技术的结合方式，实现了 API 模型参数率定计算机化的目标。

20 世纪 60 年代初，我国学者通过分析湿润地区降雨损失的特性，提出了蓄满产流的计算方法。经过不断改进和完善，形成了一套完整的产流计算的数学模型。蓄满产流模型假定对流域上的一个点，土壤含水量未满足之前不产生径流，当土壤含水量满足之后，则后续降雨全部产生径流。全流域的土壤蓄水容量的空间分布规律用一条抛物线（流域蓄水容量曲线）来概化。

相关研究指出了实际入渗曲线和入渗能力曲线的区别，提出双曲入渗模型，并用于产流计算，通过实例验证了其可行性。通过对目前广泛使用的几个主要产流模型的剖析和对比，提出了这几个模型之间的联系和区别及应用中应注意的问题，并建议优先选用综合产流模型。

4. 半干旱半湿润地区产流问题及进展

众所周知，半干旱半湿润地区流域产流的空间分布、影响因素、模型选用等问题十分突出，近几十年来，国内外水文学者在这方面做了大量工作。针对半干旱半湿润地区的产流特点，提出了蓄满—超渗兼容模型及垂向混合模型（简称混合模型），该混合模型主要是把超渗产流和蓄满产流在垂向上进行组合。

5. 汇流预报方法

在近代汇流理论中，通常采用三种途径来建立汇流计算模型，即连续力学、概念性模型和黑箱分析法。用连续力学建立雨洪汇流计算模型，就是把圣维南河道不稳定流方程组经过概化与均化应用到流域汇流计算中去。所谓黑箱分析法，是根据系统的输入和输出资料来推求系统的响应，而不去探讨输入形成输出的物理机制。谢尔曼经验单位线分析法就是最早的一个应用实例。而概念性模型则可介于两者之间，它吸取了两者的优点，模型本身以一定的物理概念作基础，主要因子间存在某种特定关系，模型参数从实测资料中优选。以纳什模式为基础的变雨强单位线法就属于这一分类范畴。

纳什单位线和谢尔曼单位线一样，把流域概化为线性时不变集总系统，与流域非线性时变分散系统的实质不符，因此需要研究非线性处理方法，以提高其适用精度。国内外在长期的实验研究和生产实践中，都先后发现对各场实测洪水所分析的单位线是不同的，其中主要原因之一是雨强起着重要作用。变雨强单位线法抓住了雨洪计算中降雨强度这个主要影响因子，建立起单位线参数与雨强的关系，从而实现变动单位线的分析。这种线性模式加参数改正的研究途径虽是一种经验性的处理方法，但它却有助于对汇流计算中非线性问题理解和认识的深化。在纳什单位线模式基础上，一种由实测资料推求一次洪水中不同时段净雨强度条件下相应不同单位线的分析方法，获得了天然小流域单位线滞时与净雨强度和单位线峰与量非线性关系的初步成果。

（二）流域水文模型研究现状及其特点

在流域模型迅速发展以前，在应用水文学方面，常采用数学物理方法、单位线法、经验相关法和概化推理方法等。对水文现象进行模拟而建立的一种数学结构称为水文数学模型。水文数学模型可分为确定性模型和随机性模型两大类，描述水文现象必然性规律的数学结构称为确定性模型，而描述水文现象随机性规律的数学结构称为随机性模型。其中，确定性模型可分为集总式模型和分散式模型两种，前者忽略水文现象空间分布的差异，后者则相反。水文数学模型又可分为线性与非线性、时变与时不变。概念性水文模型属于确定性模型的范畴，它以水文现象的物理概念作基础，采用推理和概化的方法对流域水文现象进行水文模拟。概念性模型在一定程度上考虑了系统的物理过程，力图使其数学模型中的参数有明确的物理概念。因此，建立概念性流域水文模型，首先要建立模型的结构，并以数学方式表达；其次要用实测降雨径流资料来率定模型的参数。自 20 世纪 60 年代初期，产生了大量的流域水文模型，其中有代表性的、应用较多的有斯坦福（Stanford）模型、萨克拉门托（Sacramento）模型、坦克（Tank）模型和我国的新安江模型。

在我国水文预报的实践中，不仅使用概念性模型，而且也开始应用按系统分析方法求解的黑箱子模型。以多元线性回归方法为基础的总径流线性响应模型（TLR）和线性扰动模型（LPM）的数学结构及其在长江三峡地区的应用，对 TLR 模型进行了改进，采用某一标准的暴雨强度为临界值对降雨系列进行分阶计算，可以考虑雨强对径流的影响。相关研究指出了 TLR 模型和 LPM 模型及约束线性系统模型（CLS）的缺陷，并将新安江模型与 CLS 模型结合起来，提出了综合约束线性系统模型（SCLS），并建立了一个通用计算机程序包，开始在我国实际应用。

1974 年，世界气象组织就降雨径流模型在世界范围内做检验对比后得出以下结论：

（1）如果流域位于湿润地区，就不必过于挑选模型，因为在这样的流域，简单模型与复杂模型可以取得同样好的效果；反之，对于干旱与半干旱流域，就需要慎重选择模型。

（2）一般来说，在久旱之中与久旱之后，计算土壤含水量的模型能较好地模拟河流的径流。

（3）类似 Tank 模型那种不直接计算土壤含水量的模型，对于流域的大小及气候和地理特征具有更好的适应能力与弹性。

（4）建立模型时，如果资料不好，隐式计算土壤含水量的模型有可能具有较好的处理这种缺陷的能力，可能会给出较好的预报结果。

（三）GIS 在洪水预报中的应用

在洪水预报的新技术中，应用最广泛、发展前景最大的当属地理信息系统（GIS）。GIS 是在计算机软件和硬件的支持下，运用系统工程和信息科学的理论，科学管理和综合分析具有空间内涵的地理数据，以提供对规划、管理、决策和研究所需信息的技术系统。洪水预报的实质就是要对洪水在特定时空条件下的运动规律进行预报、预测，空间信息量大，而对空间信息的管理与分析正是 GIS 的优势，而与遥感技术（RS）和全球卫星定位技术（GPS）结合的 GIS（合称"3S"技术）功能更加强大。研究表明，GIS 在面雨量计算、流域蒸发量和土壤湿度计算、交互式实时联机预报、暴雨产流模型等方面都有广泛应用。当然，除 GIS 外，还有其他一些类似的、基于计算机技术上的预报系统，如 SMAR（Soil Moisture Accounting and Routing）模型及在此基础上改进而成的分布式任意时段模型。

（四）实时洪水预报

实时洪水预报技术系统是将实时（遥测）水情信息采集系统、计算机系统和洪水预报调度软件有机地结合起来。其工作方式是：实时（遥测）水情信息采集系统不断地采集水库集雨面积内的雨量、水位数据，为洪水预报提供实时准确的基础资料；计算机系统为软件运行提供一个良好的工作环境；洪水预报调度软件根据实时水情数据和历史计算结果自动运行，并输出计算结果。控制理论上实时预报的核心技术是利用"新息"（当前时刻预报值与实测值之差）导向，对于系统模型或者对预报做出现时校正。系统动态识别（也称参数自适应估计）及卡尔曼滤波就是这类方法的典型代表。最早将卡尔曼滤波应用于水文预报研究的是日本学者，莫尔和威斯提出将非线性汇流模型进行线性化，然后使用推广的卡尔曼滤波器对模型参数进行在线估计，针对任何一个确定性水文模型进行预报后将出现一个具有相关性的误差序列这一事实，对此误差序列建立一个状态空间方程，以参数向量作为状态向量，即可用系统识别方法估计其参数，用来估计预见期的可能误差，达到实时校正的目的，并取得了较好的预报效果。

四、水情自动测报系统开发的主要内容

从前述中可以看出，当前洪水预报发展的趋势是借助计算机仿真、测试自动化等新技术，将预报理论更好地应用于实际，以取得更好的预报成果，产生更大的效益。基于以上的考虑，水情自动测报系统开发的主要内容包括：

（1）水情自动测报系统站网的布设研究。

（2）水情自动测报系统设备硬件选型及通信方式的确定。

（3）洪水预报模型的选择。

根据盘石头水库实际情况，研究适合盘石头水库所在流域水文、气象、地理特性及有关水文资料，论证选用适合于该流域水文特性的洪水预报模型，完成洪水预报模型的参数率定及预报方案编制。

（4）洪水预报系统软件开发。

首先根据系统的组成特点、模型的求解方法和系统的用户对象，选择界面性强，面向对象的可视化编程软件，开发界面友好、功能实用、维护方便、可靠性高及开放性好的软件，根据研制的洪水预报方案，编制相应的实时预报软件，通过对实时数据的处理，在较短的时间内做出实时洪水预报。

第二节　系统设备硬件选型及通信方式的确定

一个最基本的水情自动测报系统，至少应由若干个遥测站和一个中心站组成。水情自动测报系统运行流程如图 2-1 所示。

图 2-1　水情自动测报系统运行流程

（1）遥测站自动实时采集、暂存和发送水情数据。

（2）中心站实时接收遥测数据，并进行存储、打印及数据处理。

（3）中心站能及时对洪水过程进行预报，做出防洪调度方案。

（4）系统可与用户其他监控、管理计算机管理系统交换信息。因此，系统的设备硬件选型及通信方式的确定是水情自动测报系统能否安全运行的重要组成部分。

一、水情自动测报系统通信方式选择

一个水情自动测报系统成败和效益的高低，除水文站网的合理规划外，就取决于通信方式的设计了。由于水文遥测站大多处于山区，地形起伏，必须保证遥测信号能够全部、正确地传输到中心站。另外，通信网络最简单、投资省、维护容易。盘石头流域水情测报系统采用自报式的工作体制。

前已叙及，最理想的偏远地区及大范围多路数据通信方式当属卫星通信。Inmarsat国际卫星移动通信系统和 VSAT 卫星网系统更适于水情数据的传送。

（一）卫星通信

目前，国际上中、小型卫星通信系统种类较多，而适合于国内水文自动测报通信的卫星系统有两种，即亚洲2号VSAT通信卫星系统和Inmarsat-C海事卫星系统。

1. 亚洲2号VSAT通信卫星系统

亚洲2号VSAT通信卫星定位于东经105°的赤道上空，在中国境内的各站天线仰角比较高，不易受站点的地平线仰角的限制。目前，我国气象、水利、电力、农业等部门都分别购买了其中的转发器，它通过一个中心主站和很多远端遥测小站组成星形结构网络。这样的网络主要以数据通信为主，也可以在主站和小站之间或小站间提供话音、图像及其他综合信息业务。

VSAT通信卫星水情自动测报系统由卫星主站和野外卫星地面遥测站组成。

根据以上原则和淇河流域的地理特点，该流域卫星通信系统不适合建设独立的卫星主站，宜租用水利部卫星主站实现卫星通信。

2. Inmarsat-C海事卫星系统

Inmarsat国际移动卫星组织（原名国际海事卫星组织）是一个提供全球移动卫星通信业务的国际合作组织，创建于1979年，总部设在英国伦敦，目前拥有87个成员国。Inmarsat初创时旨在为海上用户提供移动通信业务服务，随着其业务的发展，目前它已经成为世界上唯一为陆海空用户提供全球卫星移动通信、公众通信和遇险安全通信的业务提供者。

Inmarsat通信系统由三部分组成：空间段、地面站和移动终端。空间段包括卫星系统、地面测控站和网络协调站。目前使用的是第三代卫星系统，通信覆盖除极区以外的整个地球。主用卫星4颗，分别覆盖大西洋东区、太平洋、印度洋和大西洋西区四个洋区，另有7颗备用卫星。地面站提供卫星和陆地通信网连接的接口，目前全球共有30多个地面站。移动终端按其功能分为Inmarsat-A、B/M、C、Mini-M、Inmarsat-Aero和D等类型，按其应用可分为海用、陆用和航空终端。

我国水利水电管理部门在20世纪90年代初就开始考虑采用卫星通信来解决超短波通信的难题。Inmarsat-C系统应用在无人值守的水情遥测站上具有比其他通信系统更为优越的特点，具体如下：

（1）可靠性高：Inmarsat-C系统用户终端采用L频段，该频段对于降雨产生信号衰减非常小，约为0.2 dB，恶劣天气（尤其是雨季）不会影响通信。Inmarsat-C通信系统有4颗主用卫星，另有7颗备用卫星，整个通信系统非常可靠（原为全球海上遇险安全通信和航空通信设计）。

（2）数据传送时间比较短：以数据报告方式传送数据，从发送端到接收端为40 s左右，非常适合于要求传输数据快、传送信息量小的用户，如无人监控、数据采集的应用，非常适用于水情测报、输油输气管道监控、地震监控、森林及海洋等领域数据监控。

（3）设备轻巧：Inmarsat - C 终端天线很小（质量为 0.75 kg，尺寸 $H \times D$ 为 124 mm $\times$ 150 mm），雨季不致遭到雷击，终端设备轻（质量约为 1.3 kg，尺寸 $H \times W \times D$ 为 50 mm $\times$ 180 mm $\times$ 165 mm），易于运输、安装和维护，适用于水情遥测站。

（4）无人值守：Inmarsat - C 终端省电，睡眠状态下耗电仅为 30 mW，可用太阳能供电。中心站可遥控野外无人值守站。

（5）投资少、运行费用低：利用 Inmarsat - C 建立通信系统，用户只需购买终端自行组网。设备价格比其他系统卫星通信设备廉价。

（6）建设速度快：所有市场销售的 Inmarsat - C 终端都已经过 Inmarsat 的批准，用户只需购买终端办理入网即可使用，因此系统的建设速度快。

（7）Inmarsat - C 通信费率及收费情况：在水情测报方面，Inmarsat - C 工作方式大多为终端到终端数据报告方式，这种方式的通信费用如下：

1 包（8 字节）0.12 SDR，2 包（20 字节）0.15 SDR，3 包（32 字节）0.18 SDR，其中 SDR 为一种货币结算单位，为 Special Drawing Right 的英文缩写。1 SDR 相当于人民币 11 元，目前水情测报上，1 包数据就可满足要求，包括雨量信息、水位信息等，1 包数据通信费用约为人民币 1.3 元，即一次测报数据为 1.3 元人民币，除此之外没有任何费用，没有信道占用费、月租费、年费。

Inmarsat - C 水情自动测报系统由中心控制站和野外无人值守站组成。

（1）中心控制站。

①组成：Inmarsat - C 终端、RTU、工业 PC 机、UPS 不间断电源、操作软件等。

②功能：随时接收 Inmarsat 卫星转发的各无人值守站上报的水情数据，对数据进行检查、存储、显示、打印等处理；向所有或某个无人值守站发送控制命令，包括控制每天发送次数、校时等；按设定的时段间隔，计算出各雨量站的时段雨量值；统计上报数据的次数及工作状态，检索数据；用户要求的其他功能。

（2）野外无人值守站。

①组成：野外无人值守站由传感器（雨量、水位等）、Inmarsat - C 终端、数据采集控制器、RTU、人机接口装置、太阳能电池板蓄电池组等。

②功能：野外无人值守站的主要任务是自动实时采集、存储雨量及水位数据，按照设定的时间和时间间隔，通过卫星向中心控制站传送数据。

Inmarsat 系统通信网点的设备可以小型化到便携式程度，其通信范围可覆盖全球，大到可将陆地、海上、空中三部分结合在一起形成全球性的通信网，实现多点通信，适合远海、航空、高原山区和荒原僻地使用。

Inmarsat 与 VSAT 通信方案的比较见表 2-1。

通过上述比较，可以看出，VSAT 卫星通信用于水情自动测报系统遥测站有一定的缺陷，因为 VSAT 卫星通信有严重的雨衰现象，经映秀湾 VSAT 卫星水情自动测报系统工程实际比测，当降雨量 ≥25 mm/h 时，VSAT 卫星通信中断。VSAT 终端设备和天线体积大，易遭雷击，设备功耗高，需大容量蓄电池和太阳能光板，因此每个遥测站必须建房，必须修建牢固的混凝土天线基座，必须建立避雷针及敷设接地网，土建工程量大

表 2-1　Inmarsat 与 VSAT 通信方案的比较

比较内容	Inmarsat	VSAT
通信频段	采用 L 频段，频率为 1.5/1.6 GHz，对雨、雾衰减非常小，可忽略不计	采用 C 或 Ku 频段，C 频段为 4/6 GHz，Ku 频段为 11/14 GHz，C 频段地面干扰严重，Ku 频段雨雾天气衰减大，雨衰严重。恶劣天气无法正常工作
可靠性	空间段：4 颗主用卫星，7 颗备用卫星；卫星地面站：全球 30 多个卫星地面站；用户终端：近 50 种，可互换使用	空间段：单星运行；用户终端：各厂家终端不能互换，故障率较高
投资对比	用户不需担心卫星及卫星地面站的建设，一次性投资少，用户终端约为 3 500 美元（Inmarsat - C）。无土建	空间段月租费高，如亚太一号卫星，36 MHz 带宽卫星资源年租金约 180 万美元。用户终端价格高，主站设备约 100 万美元，小站价格为 8 000 ~ 10 000 美元。土建（须在遥测站征地建房）且安装、维护费用高
收费对比	按使用量收取通信费用，没有月租金。安装及维护费用少。每年通信费约 15 000 元	不管是否使用，按月租费收取；每年通信费用约 5 万元
建设速度	用户购买终端并登记入网便可使用	需要总体设计、设备选型、频率租用申请、建站许可证、站址勘测、基建、设备安装调试等
设备比较	用户终端体积小，主机如一本字典，天线像警车上的警灯。重量轻，主机 1.3 kg，天线 0.75 kg。遥测站终端设备可组成一体化封闭式结构装入合金筒内，筒外屏蔽，既可防雷，又便于运输、安装和维护	主站天线直径一般为 9 ~ 11 m，小站天线直径一般为 2.4 ~ 4.5 m（C 频段）和 1.2 ~ 1.8 m（Ku 频段），主机体积较大，对环境要求高，需要建机房及经常性维护
应用领域	水文监测，地震监测，环境监测，配电系统监测，输油、输气管道监测，航标、浮标监测	电话、传真、数据通信、可视图文、会议电视等业务。用于解决各行业、部门专用通信网的通信问题及传输数据量大的领域

且费用高。但 VSAT 卫星通信系统的优点是传输数据量大、速度快。这些优点用于计算机网络联网是适宜的，但对于水情测报遥测站数据量较小的数据传输，无法发挥其作用。Inmarsat 卫星通信的优点在于无雨衰、功耗低，终端设备体积小；遥测站仪器设备一体化，防雷击性能强，无须土建，无须敷设接地网，便于安装、维修。结合流域的地理位置，水情自动测报系统采用 Inmarsat 卫星方案的组网见图 2-2。

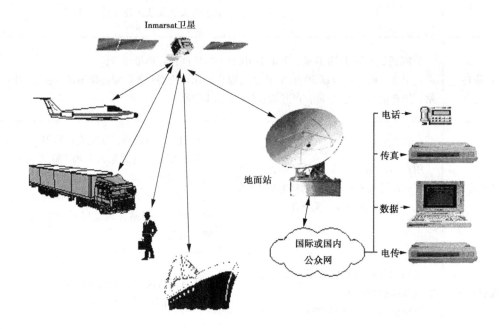

图 2-2　卫星组网

（二）水情自动测报系统设备硬件选型

结合监测指标和设备的生产情况，一般通过技术和经济的比较，确定系统硬件设备，一般遥测站的设备选型综述如下。

1.遥测站的数传仪（RTU）基本结构及组成

卫星遥测站的 RTU 由硬件结构及软件结构两部分组成。数传仪（RTU）外观见图 2-3。

RTU 是用来发送遥测数据的，遥测站数传终端机具有模块化结构的完善软件，以实现数传终端的各种基本功能和灵活的多功能扩展配置能力，并完成终端设备的自保护、自检测、故障自排和自恢复正常运行。

2.雨量传感器

雨量传感器以我国南京水利自动化研究所生产为主，工作流程为：降雨经过进水漏

图2-3　数传仪（RTU）外观

斗流入翻斗，当水量达到定值后引起盛水一端翻斗翻转，并由磁钢磁吸合（或释放）舌簧管产生一个通断电信号，此电信号作为计数脉冲。接着由翻斗另一边盛水进行下一次计量翻转。JDZ05－1型翻斗式雨量传感器见图2-4。

3. 感应式水位传感器

感应式水位传感器是近几年国内出现的高科技产品，如图2-5（a）所示为水位传感器及二次仪表，现场安装见图2-5（b）。

传感器的特性具体如下。

（1）测量数据准确可靠、抗干扰能力强。该技术采用了数字式直接取样检测的方式，与传统的模拟量检测方式比较，驱除了模糊量，回避了信号漂移。使系统更加稳定可靠。

（2）可实现远传。传感器的信号传送线不需屏蔽，用普通电线即可远距离输送，一般信号线可达5 km，远传型传感器信号线可大于20 km。

（3）适应性强。不受强水流泥沙污物的影响，可检测泥浆或其他液态物料位。

（4）可实现传感器断线和故障报警。分辨率信号有0.5 cm、1.0 cm、2.0 cm多种规格。为了区分零水位和信号线中断，在传感器设计中安排了零水位信号。

（5）防漏、防腐。传感器电器部分全部由防水绝缘材料灌注，整个传感器为表面光滑的圆棒形固体传感器，耐氧化、抗腐蚀，经久耐用，基本上无须维护、维修。

（6）标准工业通信接口。输出为RS－232/485通信口（单独使用传感器必须配备变送器，变送器电压为220 V/50 Hz）。

（7）安装简便。传感器可悬空、直立垂直吊装，也可按不同场合进行贴壁安装。

（8）适应温度：－30～50 ℃。

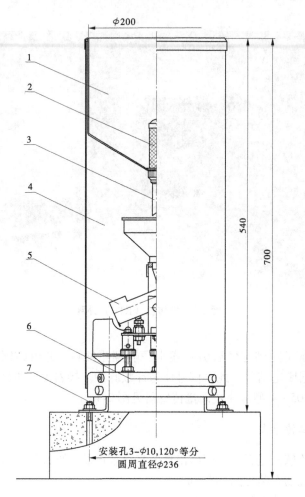

1—承雨器；2—防虫网；3—漏嘴；4—筒身；5—计量组件；
6—M6 滚花圆柱头内六角螺钉；7—M8 地脚螺钉

图 2-4　JDZ05－1 型翻斗式雨量传感器　（单位：mm）

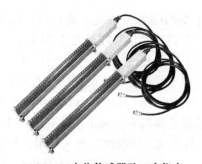

(a)TC-401水位传感器及二次仪表

图 2-5　水位传感器

(b)水位传感器现场安装

续图 2-5

（9）先进的组态方式，可以根据实地使用情况对传感器进行设置，并可嵌入各种渠道类型的流量计算参数。

（10）数据转存方式：USB 接口，数据能够按文本文件方式用 Flash Disk（U 盘）转存，便于后期的数据分析处理。

（11）具有高可靠性，为密封不锈钢壳体，强度高，"三防"（防霉菌、防潮湿、防盐雾）处理，抗腐蚀，内部安装牢固，无外部引线，适合野外无人环境应用。

（12）特低功耗，无须外部供电，采样时间短，非采样时功耗极低。内置电池可连续工作 6 个月。

（13）配套的手动操作器可提供全中文提示，为用户提供了良好的人机界面，通过手动置数，可对各种参数进行设置、查询、修改等。

（14）内置实时时钟，精度可调整，可以准确记录采样时刻的时间。

（15）仪表内配有大容量的数据存储器，对所有设置的参数和测量数据会长久保存。即使去掉电池，数据亦可保存 10 年以上。

（16）仪表内置科学的数字滤波方式及防波浪功能，能够有效地解决波浪对水位测量的影响，使测量值稳定、真实、可靠。

二、遥测站简介

完整的遥测站由数传仪（RTU）、雨量传感器、感应式数字水位传感器（TC－401）、蓄电池组、太阳能电池板、Inmarsat 卫星终端及其天馈线等组成。雨量遥测站如图 2-6 所示，水位遥测站如图 2-7 和图 2-8 所示，雨量遥测站和雨量水位遥测站拓扑图见图 2-9 和图 2-10。

图 2-6　雨量遥测站

图 2-7　水位遥测站（多点水位监测）

图 2-8 水位遥测站（单点水位监测）

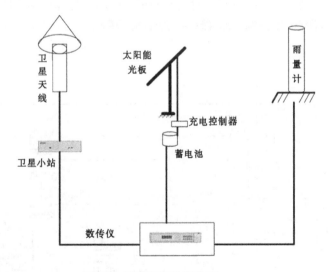

图 2-9 雨量遥测站拓扑图

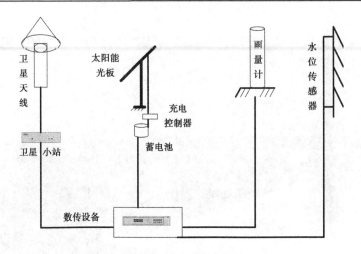

图 2-10　雨量水位遥测站拓扑图

三、中心站设备组成

中心站计算机网络采用局域网系统，该水情测报系统采用自报式体制，中心站包括前置机、工作站和服务器。前置机主要是接收和处理数据，并把数据以共享的方式提供给工作站进行洪水预报，服务器主要是存储和管理数据。工作站安装有洪水预报软件，通过读取前置机的实时数据进行实时洪水预报。中心站计算机网络图见图 2-11。

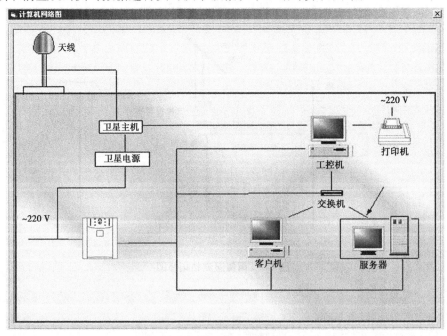

图 2-11　中心站计算机网络图

第三节　实时洪水预报与数据采集系统的开发

一、实时洪水预报综述

洪水预报是在人类与自然斗争的需要推动下发展起来的应用学科。在 20 世纪 30 年代之前，该学科还处在经验性阶段，预报是凭借预报者的个人经验和认识能力进行的。水文预报技术形成当今形态的起点在 20 世纪 30 年代。1931 年，R. E. 霍顿（Horton）在《在水文循环中下渗的作用》中，提出了下渗理论。1932 年，L. K. 谢尔曼（Sherman）在《用单位线法由降雨推求径流》中，提出了流域汇流单位线方法。1938 年，G. T. 麦卡锡（Mecarthy）在美国建立了以"马斯京根"法著称的河道洪水演算预报方法。1938 年，F. F. 斯奈德（Snyder）在《综合单位线》中，提出了对短缺资料地区使用综合单位线进行汇流计算的预报方法。这些都是沿用至今的洪水预报基本方法。

1949 年，R. K. 林斯雷（Linsley）等在《应用水文学》一书中首次提出用最小二乘法推求单位线，把现代系统理论引入洪水预报技术，标志着近代水文预报的开始。1967 年 8 月，J. C. I. 杜格（Dooge）教授在《水文系统的线性理论》（1973 年 10 月）中，把水文学中的推理公式、等流时线、单位线、S 曲线、马斯京根法、加里宁—米贸柯夫法、流域水文模型等都用系统理论贯穿起来，对水文系统线性理论进行了系统总结，使系统理论的应用进入了加速发展时期。

以卡尔曼滤波为代表的现代控制理论在水文预报上的应用是从 20 世纪 70 年代起步的。其技术包括系统动态识别、状态估计、时间序列分析、实时预报等新的领域。1970 年，日本学者 H. Hion 在《使用线性预测滤波器的径流预报》中首先提出，并在以后逐步完善创立了应用系统参数动态估计与状态实时估计并举的两段互耦技术和 Sage 自适应滤波技术相结合的 MISP 实时预报算法。1980 年 4 月，国际水文科学协会与世界气象组织在英国牛津联合举办了国际水文预报学术研讨会，会议出版的论文集的 46 篇论文中，有关卡尔曼滤波和实时预报系统研制的就有 16 篇，说明系统理论在水文预报技术现代化进程中已居主导地位。

20 世纪 80 年代以后，系统理论应用范围扩大到产汇流及流域水文模型的实时预报。1980 年，P. K. K. Leanidis 和 R. I. Bras 在《用概念性水文模型进行实时预报》中，报告了首次对简化的萨克拉门托流域模型进行改造，应用卡尔曼滤波技术实现实时预报。1984 年，长江水利委员会水文局葛守西在《蓄满产流模型的卡尔曼滤波算法》中，应用卡尔曼滤波技术改造蓄满产流模型，实现了产流实时预报，并建立了"使用产汇流两阶段校正及参数动态预测算法的实时洪水预报模型"，并于 1986 年起在长江作业预报中试用。1990 年，武汉水利电力大学举办了全国水文预报高级研讨班，推动了实时洪水预报方法的普及。1994 年，宋星原在淮河实时洪水预报中首次引入并改进了 T. R. Fortescue 等的可变遗忘因子递推最小二乘识别参数的方法，为实时洪水预报模型参数识别提供了有力工具。1996 年，郭生练等在为湖南水电站研制的水库调度综合自动化系统中，开发出水库实时洪水预报防洪发电调度的决策支持系统，实现了雨情、水情资料的采集、传输、预处理、预报、调度的自动化，称为联机实时洪水预报调度系统，是当前的发展方向。

（一）洪水实时预报的目的和意义

据历史资料不完全统计，从公元前 206 年至 1949 年的 2 000 多年间，中国发生过较大的水灾 1 092 次，平均每两年就有一次较大的水灾发生。1949 年以后，又先后发生过 1951 年淮河大水、1954 年长江大水、1958 年黄河大水、1963 年海河大水、1991 年江淮大水、1994 年珠江大水、1995 年辽河及第二松花江大水和 1998 年长江、嫩江、松花江全流域的大洪水，损失惨重。究其原因，除环境恶化、防洪标准偏低外，报汛不及时、水情不明也是导致灾情加重的重要原因。在 1998 年长江流域特大洪水中，洪水预报就起到了很好的作用。如宜昌第 6 次洪峰在上游即将形成时，预报沙市相应最高水位接近 45.00 m 的分洪水位，其预见期为 24 ~ 30 h，根据 24 h 内雨量预报、清江隔河岩水库下泄水量，8 月 16 日 08：00 做出沙市 17 日 05：00 水位将达到 45.05 m，8 月 16 日 17：00 又根据水雨情实况预报沙市 17 日 08：00 洪峰水位 45.30 m，超分洪水位历时 22 h，超额洪峰 2 亿 m^3，若起用荆江分洪工程可降低沙市水位 0.06 ~ 0.23 m，这些都为上级有关部门的决策提供了重要技术依据，为夺取抗洪抢险的胜利做出了重大贡献。

可见，科学、准确、及时地根据降雨来预测、预报洪水对防洪抗洪、减少损失是很重要的。多年以来，人们往往对堤防建设等工程措施十分重视，而忽略了对洪水预报、水库洪水调度等非工程建设的开发利用，对水库、河道堤防、蓄滞洪区等的预测与联合调度研究应用较少。因此，洪水预报与防洪调度辅助决策系统的建设相对滞后，不能满足现有的防洪要求。特别是一些地区性的中小流域，这种可持续发展的重要性和紧迫性日渐突出，在全国范围内建成稳定、有效、可靠、及时的洪水预报与调度决策支持系统已刻不容缓。

（二）洪水预报的内容和方法

洪水预报一直是水文及水资源学科研究的重点与热点。全世界洪水预报模型有 200 多种，现代的洪水预报方法大多是具有一定物理成因基础的经验性方法。其模型大致上可分为水文物理模型和水文数学模型两大类。其中，水文物理模型主要通过实验和现场观测来确定流域的相关参数，并用这些参数来描述流域的特征，计算可能的洪水参数。它包括比尺模型和比拟模型两类。比尺模型和一般的水力学模型、水工模型类似，是根据几何相似与力学相似原理，按一定比尺将流域缩减制成模型来研究的。由于耗费过大且难以精确模拟流域的植被、下渗条件等情况，该类模型应用较少，仅美国做过比较大的比尺模型试验。比拟模型则是以另一类现象的物理性质来类比水文现象的物理性质，以便于观测形象化。例如，可以用二维导电介质中的电流场模型模拟土中渗流，电流场模型中等电位势相当于土中渗流的等水头线，电流线相当于渗流线。

水文数学模型是仿原型的物理机制，应用物理学定律建立其数学模型，并用数学的方法进行描述与求解。它有多种不同的分类方法，如可分为线性模型与非线性模型、时变模型与非时变模型、确定性模型（Deterministic Model）与随机性模型（Random Model）等。相同的输入产生相同的输出，称为确定性，它描述了水文现象的必然规律；反之，则称为随机性。确定性水文模型是研究和应用得较多的一类模型，它一般可表示为模型结构和模型参数两部分。具体形式又有黑箱子模型和概念性模型、集总式模型和分散式模型等分类。常见的如新安江模型、萨克拉门托模型、斯坦福模型及日本水箱模型等都是概念性模型；而意大利的 E. Todini、J. R. Wallis 教授的 CLS 模型则是黑箱子模型，单位线方法实际上也具有黑箱子的性质。

水文数学模型普遍引入了系统的概念。系统是指处于一定相互联系中的与环境发生关系的各组成成分的总体（系统创始人、奥地利科学家冯·贝塔朗菲）。因而系统具有整体性、有序性（层次性与动态性）和相关性等基本特性。系统的整体性是显而易见的，因为系统的本质特性就是由相互作用、相互依赖的若干要素或部分的有机结合。系统的整体性表现为系统的各要素在系统整体的目标、性质、运动规律和功能等方面的统一。近代对水文科学的研究，把"土壤—植物—大气"视为一个连续体，称 SPAC（Soil Plant Atmosphere Continuum）系统，并开展了陆气相互作用和陆气耦合模型的研究，以大气、土壤和植被间垂向的水量、热量交换来描述径流形成的物理途径。由于雨洪之间的密切关系，这种研究对提高洪水预报的科学性有较大作用，是对以往水文研究局限于流域本身的一种突破。

掌握一个系统的性质不仅需要知道输入、输出及其关系，还需要知道系统内部状态变化，因此描述一个系统需要三种变量，即输入变量、状态变量与输出变量。系统的构成见图 2-12。

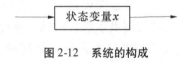

图 2-12　系统的构成

系统的激励与响应函数即为系统的输入与输出，数学上常用奇异函数、卷积、传递函数等表示系统激励与响应关系。凡不考虑输入与输出变量及其关系中参数空间变化的，称为集总式（Lumped）系统，反之称为分散式（Distributed）系统。集总式系统用常微分方程表示，时间是唯一的自变量；分散式系统则用偏微分方程表示，自变量除时间外还有空间变量。

例如，描述坡面流运动系统有水文学方法和水力学方法两类。

水文学方法表示集总式系统：

连续方程

$$I - Q = \frac{ds}{dt} \qquad\qquad (2-1)$$

动量方程

$$S = aQ^b \qquad\qquad (2-2)$$

水力学方法表示分散式系统：

连续方程

$$\frac{\partial q}{\partial x} + \frac{\partial h}{\partial t} = R(x,t) \qquad\qquad (2-3)$$

动量方程

$$q(x,t) = bh^a(x,t) \qquad\qquad (2-4)$$

洪水预报涉及的水文学知识主要有产流理论、地表径流的模拟、水文统计学等。产汇流计算的理论基础是达西（H. – P. – G. Darcy）定律与圣维南理论。汇流理论则是以谢尔曼（L. R. K. Sherman）的单位线方法、马斯京根（Muskingum）的洪水演算法、J. E. Nash 线性水库汇流模型等为基础的。产汇流理论旨在探讨不同气候和下垫面条件下降雨径流形成的物理机制、不同介质中水流汇集的基本规律及计算方法。由于水分在不同介质中做垂直与水平等运动，其复杂性和不确定性要求把确定性方法和随机性方法结合起来使用，以更好地模拟实际过程。

对于中小型水库而言，一般具有流域面积较小、集流时间短、洪水来得快、调蓄作用小等特点。大多数中小型水库的实测洪水资料短缺，水库泄洪设施多样，情况复杂。并且很多中小型水库采用群众（非专业技术人员）管理的形式。这些都为其洪水预报与调度带来很大的困难。因此，通常的中小型水库的水文预报既要有一定的精度，又要方法简单、图表简明、步骤明确，以便于快速查看。其预报模型通常是结合流域特点而开发的经验公式或图表。而基于微机的中小型流域洪水预报与调度系统是其发展的方向。

由于河道天然来水在年际、年内的分配和在地区上的分布复杂多变，又往往与农业灌溉的需水要求不相适应，水多了会引起洪涝灾害，水少了就会出现旱情，因缺水而导致的工农业生产损失也很大，因此枯水预报也是非常重要的，从广义上讲也是洪水预报的一部分。我国大部分地区枯季降水量很少，一般占全年的30%左右，枯季径流量的大小与枯水期的长短直接关系着流域灌区的灌溉定额和灌溉面积的确定及水电站的出力。为了避免干旱时无水可用的局面，必须认真总结历年用水经验，分析农耕季节用水特点和枯水变化规律，综合中长期水文气象预报，做好水库、河道的枯水预报，制订计划，以合理地利用水资源。此外，由于枯水季节降雨少，水库应尽量在保证抗洪要求的情况下多拦蓄洪尾水量，以资利用。

（三）洪水预报的国内外调研情况

洪水预报系统的发展国外已经经历了三个阶段：第一阶段是联机预报作业阶段，其主要特点是集水情信息采集、传输、处理和洪水预报为一体，以便快速完成洪水预报作业。第二阶段是实时预报校正阶段，在洪水预报系统中引入现代控制理论，实现实时信息和预报结果的实时校正。第三阶段是交互式洪水预报阶段，利用图形交互处理技术对洪水预报中间环节进行人工干预，充分利用专家、预报员的知识和经验，以有效地提高洪水预报水平。目前，发达国家大多已进入第三阶段，而我国的洪水预报系统大多停留在第一阶段，并且低水平的重复研究现象比较严重，与发达国家相比存在比较大的差距。新技术应用起点低，预报方案、预报系统五花八门，系统功能不全，应用不便，扩充性不强，时效差，难以推广应用。主要表现在：不具备预报客户/服务器或浏览/服务器环境；预报模型、方法的程序没有标准化；产流模型和汇流模型交织在一起；构建预报方案复杂；系统功能不全，参差不齐；预报方法单一；人机界面图形功能不强；不能定时预报；技术文档不全；系统开发因人而异；国外预报系统移植不便。

国外先进的第三代洪水预报系统采用完全模块化结构，具有如下特点：

（1）建立了预报模型库；

（2）用户可以根据需要选择模型及其使用顺序；

（3）具有较强的模型库管理功能；

（4）数据处理能力强；

（5）使用标准化、通用化的模块设计思路，各功能子程序代码独立；

（6）用户可灵活、方便地控制预报中间过程；

（7）可应用于很大的地区和范围，各预报站点可以独立，也可以按指定的连接控制方式成为一体。

中国洪水预报系统软硬件环境基于微机硬件平台、Windows 95 以上操作系统和全国统一的实时水情数据库和预报专用数据库，以 Visual Basic 和 Mapinfo 为系统开发软件，实现实时信息和预报信息的客户/服务器环境，可在任何一台联网的微机上完成洪水预报作业。

二、数据采集软件开发

水情测报系统中数据采集主要有遥测水位站和遥测雨量站，在合理确定水库流域内建设的遥测站的基础上，进行数据采集系统的开发，河南省盘石头水库流域遥测站网布置如表 2-2 所示。

表 2-2　河南省盘石头水库流域遥测站网布置

站名	经度（东经）	纬度（北纬）	高程（m）	遥测项目
盘石	114°17′18″	35°51′35″	312	雨量、坝上水位、坝下水位
刁公岩	113°58′00″	35°50′54″	250	雨量
临淇	113°52′30″	35°46′18″	292	雨量
南寨	113°42′04″	35°45′56″	447	雨量
大峪	113°45′58″	35°52′16″	450	雨量
小店	113°47′56″	35°56′03″	337	雨量
桥上	113°34′10″	35°55′06″	1 211	雨量
马家庄	113°31′42″	35°54′44″	1 000	雨量
六泉	113°32′18″	35°47′32″	1 056	雨量
弓上	113°41′50″	35°56′34″	563	雨量、坝上水位
三郊口	113°37′18″	35°48′25″	598	雨量、坝上水位

本系统的主要目的是通过传感器将水位和雨量信息传送到 PC 机上，PC 机在接收到该信息后，将水位和雨量信息经过数据处理后存入本地数据库，再通过采集软件对数据进行加工、整理，制作出相应的报表及图形。采集软件主界面如图 2-13 所示。

（一）结构功能设计

水情自动测报系统的所有遥测数据由前置机（工业控制微机）实时收集后，中心站软件对数据进行解码、纠错、合理性检测后，以开放式数据库的形式存储，以供查询、统计、显示和打印使用，最终通过共享方式提供给洪水预报软件。

数据采集软件结构功能如图 2-14 所示。

图 2-13　采集软件主界面

（二）数据采集软件的功能说明

1. 系统参数设置

首先要输入测站的情况，包括站号、站名、属性，水位数据（须输入水位计类型）、水位基值，卫星通信则输入 C 站 MOBILE 号。以上输入完毕，按"新增测站"，下方表格里将会显示，依次类推，输入各测站。系统参数设置界面如图 2-15 所示。

2. 系统通信

单击"通信"，将出现如图 2-16 所示的界面。

"通信数据"框内显示未经处理的原始信息，下面表格显示经过处理分类的数据。按"原始数据过滤表"后，变为"测站原始数据表"，两者可相互转化。"原始数据过滤表"显示的数据为未经处理的数据。"测站原始数据表"显示的数据为经过处理的数据，即经过合理性校验。通过此界面，可监控通信状态。

3. 实时数据

实时数据包括"表格 棒图"和"流域图"选项等。按"表格 棒图"进入表格和棒图，按"流域图"进入系统流域图，界面如图 2-17 所示。各选项功能如下所述。

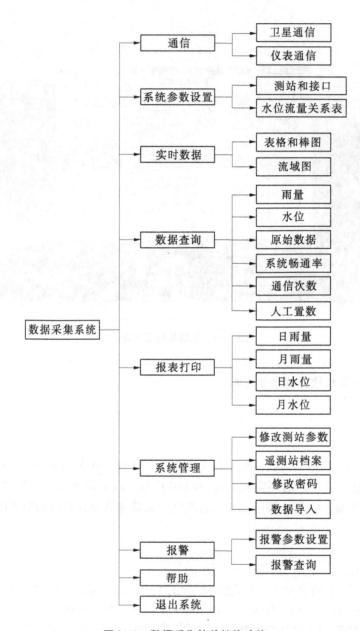

图 2-14　数据采集软件结构功能

注：（1）"C 站 MOBILE 号"系统通信采用卫星通信时才有意义，除非测站发生变化，否则此项不要修改；（2）如测站属性是雨量水位或水位，"水位基值"必须填写。表格下方的"COM1 和 COM2"表示前置机串口 1、串口 2 的设置。

图 2-15　系统参数设置界面

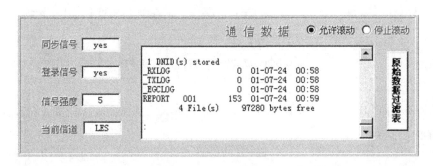

图 2-16　通信数据界面

站号	站　名	时段雨量	实时雨量	水　位	流　量	接收日期	发送时间	电源
1	刁公岩	0	0		0	01-07-22 02:01:12	02:00:00	正常
2	小店	0	0		0	01-07-22 01:57:26	02:00:00	正常
3	弓上	0	0	486.05	0	01-07-22 08:05:26	08:00:00	正常
4	桥上	0	0		0	01-07-22 08:25:52	08:00:00	正常
5	马家庄	0	0		0	01-07-22 08:41:27	08:00:00	正常
6	大峪	0	0		0	01-07-22 09:01:22	08:00:00	正常
7	临淇	0	0		0	01-07-22 09:21:27	08:00:00	正常
8	南寨	0	0		0	01-07-22 02:00:24	02:00:00	正常
9	三郊口	0	0	0.00	0	01-07-22 08:42:26	08:00:00	正常
10	六泉	0	0		0	01-07-22 09:02:21	08:00:00	正常
11	盘石	0	0		0	01-04-28 13:57:17	14:00:00	正常
12	坝下	0	0	0				

总降雨量 0　　平均降雨量 0.00　　最大降雨量 0　　最小降雨量 0　　坝上水位

图 2-17　实时数据界面

如图 2-18 所示，"时段选择"可选择 1 h、3 h、6 h。表格下面，"总降雨量"表示所有测站实时雨量之和；"平均降雨量"表示整个流域的面平均雨量（加权平均）；"最大降雨量"表示单个测站的最大降雨量；"最小降雨量"表示单个测站的最小降雨量。"棒图"：通过图下的横向滚动条，可查看各站，图形可在三维和平面间切换。

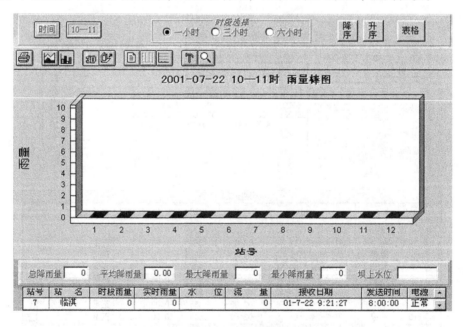

图 2-18　雨量棒图

4. 数据查询

数据查询界面如图 2-19 所示。"数据查询"可分为雨量、水位、原始数据、通信次数、人工置数。如雨量查询，单击下拉菜单中的"雨量"后，雨量查询的界面将出现。

站号	站 名	时 间	时段雨量	水 位	流 量
1	刁公岩	01-7-22 9:00:00	0		
2	小店	01-7-22 9:00:00	0		
3	弓上	01-7-22 9:00:00	1	486.05	0.0
4	桥上	01-7-22 9:00:00	0		
5	马家庄	01-7-22 9:00:00	3		
6	大峪	01-7-22 9:00:00	0		
7	临淇	01-7-22 9:00:00	0		
8	南寨	01-7-22 9:00:00	0		
9	三郊口	01-7-22 9:00:00	0	0.00	0.0
10	六泉	01-7-22 9:00:00	0		
11	盘石	01-7-22 9:00:00	0		
12	坝下	01-7-22 9:00:00	0		
1	刁公岩	01-7-22 10:00:00	0		
2	小店	01-7-22 10:00:00	0		
3	弓上	01-7-22 10:00:00	0	486.05	0.0

总雨量 4　最大雨量 3　最小雨量 0

查询项目：测站属性　全部测站　全部测站　一小时
开始时间 2001/07/22　结束时间 2001/07/22
升序　降序　显示选择：表格　棒图　开始查询　前进　后退

图 2-19　数据查询界面

查询项目可按单站、多站，也可按时间或不同时段；而显示可分为表格或棒图；如安装了打印机，还可按此格式打印输出。

5. 系统管理

系统管理界面如图 2-20 所示。遥测站档案在系统建成时按项填好，将存入数据库，系统管理用于修改测站参数（注：此功能仅用于卫星通信系统），对测站的管理记录。

站号	站 名	属 性	定点报数间隔	雨量增量	水位增量	相邻站间隔(秒)	起动时间(分)	起动时间(秒)	发送状态
1	刁公岩	雨 量	6	5	50	30	52	0	单站
2	小店	雨 量	6	5	50	30	52	30	单站
3	弓上	雨量水位	6	5	50	30	53	0	单站
4	桥上	雨 量	6	5	50	30	53	30	单站
5	马家庄	雨 量	6	5	50	30	54	0	单站
6	大峪	雨 量	6	5	50	30	54	30	单站
7	临淇	雨 量	6	5	50	30	55	0	单站
8	南寨	雨 量	6	5	50	30	55	30	单站
9	三郊口	雨量水位	6	5	50	30	56	0	单站
10	六泉	雨 量	6	5	50	30	56	30	单站
11	盘石	水 位	6	5	50	30	57	0	单站
12	坝下	雨量水位	6	5	50	30	57	30	单站

上次修改时间 2001-07-22 09:33:11

参数修改方式：全部　雨量站　单站　水位站　确定　取消

图 2-20　系统管理界面

6. 打印

打印界面如图 2-21 所示。打印可按日雨量、日水位、月雨量、月水位分类打印。

站号	站　名	08-11	11-14	14-17	17-20	20-23	23-02	02-05	05-08	日雨量
1	才公岩	2	0	0	0	0	0	0	0	2
2	小店	3	0	0	0	0	0	0	0	3
3	弓上	0	0	0	0	0	0	0	0	0
4	桥上	0	0	0	0	0	4	0	0	4
5	马家庄	0	0	0	0	0	0	0	0	0
6	大岭	0	0	0	0	0	0	0	0	0
7	临淇	3	0	0	0	0	0	0	0	3
8	南寨	2	0	0	0	0	0	0	0	2
9	三郊口	0	0	0	0	0	0	0	0	0
10	六泉	2	0	0	0	0	0	0	0	2
11	盘石	0	0	0	0	0	0	0	0	0
12	坝下	0	0	0	0	0	0	0	0	0
平　均　雨量		5.21	0.00	0.00	0.00	0.00	0.36	0.00	0.00	5.57

时间（年/月/日）

2001 / 07 / 21

打印份数 1

开始查询

前进

后退

图 2-21　打印界面

7. 数据库的基本结构

本系统数据库的缺省名为"hpdb. mdb"，在运行程序的当前目录下。该数据库可通过 Microsoft Access 打开。根据系统建设的需要，数据库中包含了几个数据表，如图 2-22所示。

图 2-22　数据库界面

数据库界面说明如下：

（1）测站参数表：记录各测站的参数；

（2）测站通信记录表：系统各项设置记录表；

（3）测站维修记录表：各测站的历史维修记录表；

（4）一、三、六小时实时数据表：相应时段实时数据表；

（5）原始数据表：未经合理性效验的数据表；

（6）原始数据过滤表：经过合理性效验的数据表；

（7）一、三、六小时数据表：相应时段历史数据表；

（8）日、月雨量表：日雨量或月雨量历史数据表；

（9）水位数据表：以 0.5 h 为基准的水位历史数据表；

（10）测站月、年通信次数表：各测站月、年通信历史次数表；

（11）月雨量、日雨量、水位日报打印表：各类打印的临时数据表。

第四节 文峪河水库洪水预报软件系统的开发

一、文峪河水库概况

文峪河发源于山西省吕梁山主峰关帝山东麓，交城县横尖镇的神尾沟，东南流至文水县开栅镇由山区进入太原盆地，折向南，流经交城、文水、汾阳、孝义四县（市），在孝义市梧桐乡汇入汾河。全长 154.8 km，流域总面积 4 090 km²。主要支流文峪河水库上游有葫芦河、四道川、三道川、二道川、西冶河等支流，水库下游有头道川、磁窑河、峪道河、虢义河、孝河等支流。文峪河水库以上河长 90.4 km，流域面积 1 876 km²，分别占文峪河总河长和总面积的 58.4% 和 45.9%。

文峪河水库位于山西省文水县北峪口村，是汾河支流文峪河上的一座大（2）型水库。坝址以上河道长 90.4 km，控制流域面积 1 876 km²，水库总库容 1.17 亿 m³，兴利库容 0.71 亿 m³，死库容 0.23 亿 m³，是一座以防洪为主，结合灌溉、发电、养殖等综合利用的年调节水库。枢纽工程按百年一遇洪水设计，2 000 年一遇洪水校核，由大坝、溢洪道，泄洪、供水、发电隧洞，以及水电站等建筑物组成。

截至 2007 年年底，该水库共调蓄来水 65.44 亿 m³，年均灌溉供水 0.77 亿 m³，调节下游河道安全泄量洪水 13 次，为下游防洪保护区与灌区的社会经济发展和文峪河水利事业做出了巨大贡献。

二、建立模型的思路

根据该流域的实时降水，采用按单元、分水源、按时段依次进行流域产流、流域汇流、河道流量演算的建模思路，即"流域—河道（水库）"的洪水预报模式，预报文峪河水库的入库洪水。将流域按自然分水线和下垫面产、汇流条件的差异性划分为四个子流域，各子流域的洪水过程由降雨径流预报得出。采用新安江产流模型或综合（超渗、蓄满）产流模型计算出子流域的地表径流深、壤中流径流深和地下径流深三种水源；然后用纳什瞬时单位线法和线性水库法，分别将地表径流、壤中流和地下径流三种水源演算到子流域出口，线性叠加成子流域洪水过程；然后用线性扩散模拟法或滞后演算法（迟滞瞬时单位线）演算到文峪河水库入口线性叠加成入库洪水。由于流域产流计算和河道流量演算各有两种模型可供选择，因此对该流域构建了 4 套预报方案，以便进行分析比较。

三、流域站网建设、单元划分、产流分析及资料整理

（一）站网建设

编制洪水预报方案和进行洪水预报作业，都需要一个与之相适应的水文站网，它是在工作地区，按一定规则、用适当数量的各类水文测站构成的水文资料收集系统。所谓相适应，是指构成水文站网的各类水文测站的位置、密度、观测项目、技术要求、信息采集、传输、处理、整编、刊印等环节和要素应能满足制作洪水预报方案和进行洪水预报作业的要求。

文峪河流域内的国家站网比较完备，共有雨量站 17 处，平均密度达到 110 km²/站。有水文站 1 处，位于岔口村，为变质岩林区代表站。有水库水文站 1 处。均有 40 多年的连续观测记录，是率定模型参数的主要依据。根据实际需要，在上述站网基础上，再增设柳树底和寨立两个雨量站，使站网密度达到 100 km²/站，并将国家站网中的西社雨量站迁移到流域外的范家庄（具体见图 2-23）。

（二）单元划分

由于流域降水、入渗能力的空间分布、时程演变的不均匀性和两者之间随机组合造成产流场随时空变化，因此采用分单元、分时段计算产汇流构架。结合文峪河流域水系和下垫面产流条件差异性等实际情况，单元具体划分为：岔口以上流域为第一单元（Ⅰ），面积 492 km²；葫芦河流域为第二单元（Ⅱ），面积 370 km²；西冶河流域为第三

图 2-23　文峪河水库流域测站分布

单元（Ⅲ），面积 380 km²；二、三、四道川流域为第四单元（Ⅳ），面积 634 km²。文峪河流域雨量站面积与权重系数见表 2-3。

表 2-3　文峪河流域雨量站面积与权重系数

单元	站点	单元面积（km²）	雨量站控制面积（km²）	站点在单元的权重系数	单元在流域的权重（km²）
Ⅰ	神尾沟	493.4	99.6	0.20	0.26
	横尖		100.4	0.20	
	市庄		86.5	0.18	
	戴家庄		118.3	0.24	
	石沙庄		73.7	0.15	
	岔口		14.9	0.03	
Ⅱ	大塔村	369.5	77.6	0.21	0.2
	惠家庄		125.9	0.34	
	燕家庄		102.7	0.28	
	岔口		63.3	0.17	

续表 2-3

单元	站点	单元面积（km²）	雨量站控制面积（km²）	站点在单元的权重系数	单元在流域的权重（km²）
Ⅲ	寨立	381.1	102.2	0.27	0.2
	水峪贯		163.3	0.43	
	范家庄		78.6	0.21	
	峪口站		37.0	0.09	
Ⅳ	柳树底	636.5	73.4	0.12	0.34
	龙兴		128.5	0.20	
	窑儿上		71.4	0.11	
	岔口		34.7	0.05	
	苍儿会		65.3	0.10	
	中庄		125.5	0.20	
	范家庄		51.0	0.08	
	东沟		86.7	0.14	

（三）流域产流特性分析

文峪河流域产流特征概括起来有以下几点。

1. 存在着三个随机性

雨强的空间分布和时程变化是随机的，下垫面吸水（入渗）能力的空间分布和时程演变是随机的，雨强和入渗能力的时空组合也是随机的，表现为地表径流强度的时空随机变化，即地表径流场的随机时变性。

2. 产流方式是双超的

总径流中壤中流时有时无，比重时大时小。按照非饱和土壤水分运动的规律，出现壤中流必要而充分的条件是具有一定坡度的分层包气带相对弱透水层的存在和土壤水分的超持。久旱后多数高强度短历时降雨超渗产生地表径流后，入渗水量不大，入渗锋面往往难于到达弱透水层界面，上层介质蓄水量不会超持，无侧向流动的水分，不会产生壤中流，总径流中只有地表径流一种成分。但久雨后，流域再遇降水或长历时降水的后期，弱透水层界面以上的土层超持后，壤中流就会出现，其大小依赖于超持的流域面积和超持水量的多寡。雨停后，壤中流还会持续一段时间，直至土壤重力水全部排空、超持终止，壤中流才结束。

3. 制约流域吸水能力的主要因子

一是下垫面的地质、地貌、植被、土壤岩性即水文学中的产流地类，二是流域土壤水分的多寡和形态。

4. 制约洪水径流量的主要因子

制约洪水径流量的主要因子是雨量、雨强和流域的吸水能力；制约流域产生地表径流大小的标志性指标是降雨强度与流域吸水能力之比（供水度），同样的降雨量，供水度越大，径流系数越大，径流量也越大。

5. 存在流域产流临界雨强

流域产流临界雨强是指在流域一定土湿状态下，产生地表径流所必须达到的最小雨强。实验场和小河水文站的实验与观测资料均证明流域产流临界雨强的客观存在。当降水强度低于某个阈值时，坡面径流会迅即终止。

（四）资料收集与整理

由于雨水情资料的完整性和科学研究时间的限制，本研究仅选用 1969 年、1985 年、1996 年等 3 年的雨水情资料进行调参的处理（其中 1969 年的洪水是该流域有水文观测记录以来的最大洪水），通过对上述年雨、水情记录数据进行认真审查和细致分析，对历史资料中存在的问题进行了如下处理：

（1）对个别雨量站某些时段内的缺、漏测雨量，参照相邻站的雨量进行了插补。

（2）根据暴雨走向对时制记录错误和日期错误做了改正。

（3）将人工时段观测记录，按相邻自记站降雨过程用比例法转化为逐时雨量，使其与洪水预报系统有效地衔接。

（4）新增柳树底和寨立两站的雨量，采用邻站的雨量记录或插补。

（5）范家庄站的雨量直接移用国家站网中西社雨量站的同期纪录。

四、模型选择

（一）流域产流模型的选择

世界气象组织先后两次从世界范围内的不下百种流域水文模型中选出部分具有代表性的模型进行过统一标准的检验。水利部水文局 1992 年对国内的流域水文模型也做过类似检验，所得结论基本相同。世界气象组织首先把流域水文模型分为三类：第一类，显式计算土壤含水量的模型；第二类，隐式计算土壤含水量的模型；第三类，系统途径模型。

被选中的模型中，包括我国主要用于湿润地区的新安江模型、美国萨克门托河流预报中心的萨克模型（第一类）；日本国立防灾研究中心的水箱模型（第二类）；由意大利 E. 托迪尼和 L. 纳达里提出的并经改进的约束线性系统模型（第三类）。

世界气象组织的结论和文峪河地区的产流机制、特性和预报实践说明，无论是我国创建的模型还是从国外引进的模型，不加改造运用均难以符合本流域的产流机制和特性，预报效果不够理想，因此本书选择了许大同等提出的流域综合产流模型（1981），该模型是把蓄水容量曲线与土壤的下渗能力曲线有机地结合起来的一种模型，既考虑了蓄满产流，又考虑到了超渗产流。超渗指雨强大于入渗强度时即产生地表径流，蓄满指土壤水分超过土壤的持水能力，即有壤中流和地下径流产生。

新安江模型是我国研制的较常用的模型之一，该模型是 1973 年由华东水利学院建立的一个分散性的概念模型，该模型既有理论基础，又便于实际应用，在我国湿润与半湿润地区的水文预报中广为应用，并取得了世界气象组织的认可。初建的模型为两水源（地表径流与地下径流），近年来吸取了萨克模型和水箱模型的长处，将两水源改进为 3 水源（地表径流、壤中流及地下径流）及多水源模型，如 4 水源，即将原 3 水源中地下径流改为快速地下径流和慢速地下径流两源。文峪河流域属于半湿润地区，所以本方案以新安江模型检验预报的成果。

（二）流域汇流模型的选择

流域汇流是指流域上产生的净雨、壤中流和地下径流如何汇集为出口断面的流量过程。按汇流路径先后分为坡地汇流和河网汇流两个阶段。某一时段内降雨产生的坡面净雨、壤中流和地下径流，通过不同介质界面，或通过坡面调蓄，分时段汇入河网形成河网总入流，视为坡地汇流阶段。某一时刻的河网总入流，再经过河网调蓄，又分成若干时段汇集到出口断面形成出流过程，则为河网汇流阶段。

坡地汇流和河网汇流各有不同的特点：流态不同，蒸发和下渗的影响不同，汇流速度有快慢，调蓄作用有大小，坦化作用有强弱，非线性程度有高低，因此二者分析的方法不同。但理论上都可以用圣维南方程组来描述。对洪水预报来说，实际所需要的是由净雨所形成的出口断面流量过程，并不强求掌握水流在流域空间上随时程变化的全部发展过程。这样，流域汇流预报主要是解决洪水波在流域上的运动规律问题。

面对如此复杂的流域汇流过程，如果直接用水力学理论来解决此问题，因边界条件太复杂，必须做出各种各样的简化，效果并不好。因此，在洪水预报实践中，更多地采用水文学方法。系统水文学在研究流域汇流时，常将其概化为一维线性时不变集总系统，即假定它的参数不随时间变化，降雨、产流的空间分布均匀，满足倍比与叠加的原则；把净雨 $I(t-\tau)$ 作为系统的输入，出流过程 $Q(t)$ 作为系统的输出，把汇流过程视为流域的系统作用，常用卷积公式予以表述，即

$$Q(t) = \int_0^t I(t-\tau)u(\tau)\,\mathrm{d}t \qquad (2\text{-}5)$$

式（2-5）中，净雨过程 $I(t)$ 是已知的，是产流计算的结果，关键是汇流曲线 $u(\tau)$ 如何确定。

目前，常用的汇流曲线有单位线和等流时线两种。单位线又有经验单位线、瞬时单位线、综合单位线、地貌单位线之分。两种汇流曲线观点不同，原理各有短长，但都导出了相应的径流形成公式，最后又殊途同归，发展成线性概念模型。20 世纪 90 年代初，有文献认为"现行的汇流计算方法还不够令人满意，引进河网地貌是值得重视的一个方向"，提出了"时变线性系统流域汇流模型"，但还有待研究。

以往编制的洪水预报方案，绝大多数使用单位线，更确切地说，是使用瞬时单位线即纳什瞬时单位线。因此，对文峪河流域进行洪水预报，仍首选它作为地表径流汇流的计算工具。壤中流和地下径流采用线性水库法。这样用单元汇流方法考虑净雨在空间上的变化，使之具有明确的产流场；用河段汇流考虑相同的净雨在不同流域所受不同调蓄作用，使之具有明确传播场。以消除单位线"没有与流域上对汇流有影响的特征（如流域形状、坡度）直接联系起来，因此没有明确的产流场和传播场，还属于经验性的分析方法"的理论缺陷。

（三）河道流量演算模型的选择

河道汇流模型大致分为水力学模型和水文学模型两大类。直接求解圣维南方程组或简化圣维南方程组得出的模型称为水力学模型。它从微观角度出发建立河道洪水波运动微分方程，然后用积分求解一定条件下洪水波在全河道内的宏观运动规律。解决的是从微观到宏观的问题。方法的实施需要知道河道的水力要素（如水面比降）、边界条件（如断面形状）和参数（如糙率）沿程时变过程资料。在计算机没有介入洪水预报领域之前，用其进行具有时效要求的洪水预报作业是不现实的。计算机介入之后，这类方法已广泛应用于设计条件下的河道洪水演进计算。应用于天然河道中的洪水预报作业，至少在国内目前尚处在研究尝试阶段，有待地理信息系统的成功介入和所取差分格式的阶段误差对于各类河流均满足相容性、收敛性和稳定性这一计算技术难题的解决。20 世纪 90 年代初，圣维南方程组扩散波线性解析解——线性扩散模拟法被介绍到国内，20

世纪90年代末，在黄河下游花园口以下变河床河段应用成功，它只有扩散系数和洪水波速两个物理参数，概念明确、理论严谨、应用简便，因此本方案列为首选模型。

统览河道洪流过程的全局，着眼洪水波在河道内运动的宏观规律与特征，用水量平衡方程和槽蓄方程分别近似取代圣维南方程组中的连续方程和动力方程，然后联解得出的种种流量演算方法和模型，统称为水文学模型。已经证明，坡底不大的天然河道中的洪水波近似于扩散波，水文学模型的原理与圣维南方程组扩散波线性解一致，因此用水文学模型演算河道洪水也能取得较为满意的结果。

五、构建预报方案

预报方案是预报模型和方法同预报断面有关的河段和流域特征及洪水特性的具体结合。"中国洪水预报系统"认为按采用的预报模型种类不同可分为四类：经验相关图预报方案、水文模型预报方案、水力学模型预报方案和径流预测方案。根据本流域下垫面属性、降雨产流的三个随机性和雨量站点分布状况，以及现有预报模型的使用效果与经验，以采用水文模型单元、汇流法预报方案比较现实合理。即先将流域分成若干个产、汇流计算单元，分别计算产流和汇流，得出单元面积的出流过程；然后将单元面积的出流过程按河系串联或并联，从上游依次向下游演算，最后求得进入文峪河水库的洪水过程。这样，降雨、产流空间的不均匀性通过分单元予以弱化；河网内各处调节能力的差异则可通过分河段汇流演算的方法予以分段均化。这种分单元、分河段演算的方法，物理概念清楚，有利于提高成果精度。

本方案对文峪河流域进行洪水预报，采用了四种预报方案（见表2-4），四种预报方案的流程是相同的（见图2-24）。

表2-4　四种预报方案

方案	流域产流计算	流域汇流计算		河道演算
		地表径流	壤中流地下径流	
一	新安江产流模型	纳什瞬时单位线	线性水库	线性扩散模拟法
二	新安江产流模型			迟滞瞬时单位线
三	综合产流模型			线性扩散模拟法
四	综合产流模型			迟滞瞬时单位线

六、模型参数的率定

模型参数的率定，通俗地讲就是当模型（结构）选定之后，根据已经测得的历史

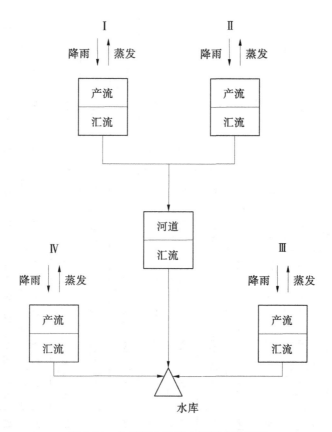

图 2-24　文峪河水库洪水预报方案流程

水文数据，采用一定方法和手段求出模型的优化参数。

　　根据系统理论，若历史水文资料是精确的，就可以准确地判断并获得模型方程中的未知参数，将其用于作业预报，便可取得足够的预报精度。但是，实际输入与输出的历史水文数据总会含有测量误差（观测噪声），而且模型参数的率定，从本质上讲是个统计学问题，以及寻求的是能够同具有噪声观测的数据最佳拟合的参数值。

　　确定最优参数的途径有人工调优、数学寻优及人机对话选优等。本书首先根据岔口水文站雨洪对应观测记录，用经验方法，按洪水三要素（洪峰流量 Q_m、洪水总量 W 和洪水过程线）进行模拟，以误差最小、确定性系数最大的原则，调试第一单元的参数。然后，根据参数的物理意义和下垫面特性，估计其他三个单元的相应参数，模拟文峪河入库洪水过程，与根据文峪河水库的蓄泄资料反推的入库过程进行比较，按确定性系数最大的原则，调试并确定其他三个单元的参数。具体参数见表 2-5 ~ 表 2-7。

　　新安江模型参数说明如下：

　　IMP——不透水面积占全流域面积之比；

　　WM——流域平均蓄水容量；

　　UM——上层蓄水容量；

　　LM——下层蓄水容量；

　　B——张力水蓄水容量流域分配曲线指数；

表 2-5　新安江模型产、汇流参数

洪水时段	单元	新安江模型产、流参数												地表径流汇流参数			
		IMP	WM	UM	LM	B	C	CI	CG	U	KI	KG	SM	EX	K	N	Kr
1969年7月25~30日	I	0.3	180	5	80	0.5	0.08	0.9	0.999	136.7	0.01	0.01	50	2	1.01	1	3
	II	0.3	180	5	80	0.5	0.08	0.9	0.999	102.8	0.01	0.01	50	2	1.01	1	4
	III	0.3	180	5	80	0.5	0.08	0.9	0.999	105.6	0.01	0.01	50	2	1.01	1	4
	IV	0.3	180	5	80	0.5	0.08	0.9	0.999	176.1	0.01	0.01	50	2	1.01	1	4
1985年9月7~22日	I	0.1	200	5	80	0.5	0.15	0.9	0.999	136.7	0.01	0.01	80	2	1.01	2	9
	II	0.1	220	5	80	0.4	0.15	0.9	0.999	102.8	0.01	0.01	100	2	1.01	2	9
	III	0.1	220	5	80	0.4	0.15	0.9	0.999	105.6	0.01	0.01	100	2	1.01	2	9
	IV	0.1	220	5	80	0.4	0.15	0.9	0.999	176.1	0.01	0.01	100	2	1.01	2	9
1996年8月3~15日	I	0.4	150	5	80	0.4	0.15	0.9	0.999	136.7	0.01	0.01	40	2	1.01	2	20
	II	0.4	150	5	80	0.4	0.15	0.9	0.999	102.8	0.01	0.01	40	2	1.01	1	20
	III	0.4	150	5	80	0.4	0.15	0.9	0.999	105.6	0.01	0.01	40	2	1.01	1	20
	IV	0.4	150	5	80	0.4	0.15	0.9	0.999	176.1	0.01	0.01	40	2	1.01	1	20

表2-6　综合模型产、汇流参数

洪水时段	单元	综合产流模型产流参数															地表径流汇流参数	
		IMP	Im	UM	LM	n	C	CI	CG	U	KI	KG	SM	EX	K	KK	N	Kr
1969年7月25~30日	I	0.3	165	5	80	0.5	0.08	0.9	0.999	136.7	0.01	0.01	65	2	1.01	0.018 5	1	8
	II	0.3	180	5	80	0.5	0.08	0.9	0.999	102.8	0.01	0.01	70	2	1.01	0.018 5	1	3
	III	0.3	180	5	80	0.5	0.08	0.9	0.999	105.6	0.01	0.01	70	2	1.01	0.018 5	1	3
	IV	0.3	180	5	80	0.5	0.08	0.9	0.999	176.1	0.01	0.01	70	2	1.01	0.018 5	1	3
1985年9月7~22日	I	0.1	200	5	80	0.6	0.08	0.9	0.999	136.7	0.01	0.01	50	2	1.1	0.014	2	25
	II	0.1	220	5	80	0.4	0.08	0.9	0.999	102.8	0.01	0.01	100	2	1.1	0.014	2	25
	III	0.1	220	5	80	0.4	0.08	0.9	0.999	105.6	0.01	0.01	100	2	1.1	0.014	2	25
	IV	0.1	220	5	80	0.4	0.08	0.9	0.999	176.1	0.01	0.01	100	2	1.1	0.014	2	25
1974年8月3~15日	I	0.4	120	5	80	0.6	0.08	0.9	0.999	136.7	0.01	0.01	50	2	1.1	0.004	2	25
	II	0.4	120	5	80	0.6	0.08	0.9	0.999	102.8	0.01	0.01	50	2	1.1	0.004	2	25
	III	0.4	120	5	80	0.6	0.08	0.9	0.999	105.6	0.01	0.01	50	2	1.1	0.004	2	25
	IV	0.4	120	5	80	0.6	0.08	0.9	0.999	176.1	0.01	0.01	50	2	1.1	0.004	2	25

C——深层蒸发系数；

CI——壤中流消退系数；

CG——地下水消退系数；

U——单位转换系数，可将径流深转化成流量；

KI——壤中流出流系数；

KG——地下水出流系数；

SM——自由水蓄水库容量；

EX——自由水流域分配曲线指数；

K——流域蒸散发能力与实测水面蒸发值之比；

N——纳什瞬时单位线法中水库数或调节次数；

Kr——纳什瞬时单位线法中流域汇流时间参数。

综合产流模型参数说明如下：

IMP——不透水面积占全流域面积之比；

Im——流域平均蓄水容量；

UM——上层蓄水容量；

LM——下层蓄水容量；

n——张力水蓄水容量流域分配曲线指数；

C——深层蒸发系数；

CI——壤中流消退系数；

CG——地下水消退系数；

U——单位转换系数，可将径流深转化成流量；

KI——壤中流出流系数；

KG——地下水出流系数；

SM——自由水蓄水库容量；

EX——自由水流域分配曲线指数；

K——流域蒸散发能力与实测水面蒸发值之比；

KK——入渗曲线参数；

N——纳什瞬时单位线法中水库数或调节次数；

Kr——纳什瞬时单位线法中流域汇流时间参数。

表 2-7　河道汇流参数

模型	线性扩散模拟法		迟滞瞬时单位线 [Ⅰ型]		
参数	u	μ	τ	Kr_1	N_1
	3.5	7 000	0	1	2

注：u 为洪水波速；μ 为扩散系数；Kr_1 为河道坦化滞时；τ 为河道位移滞时；N_1 为线性河段数。

由于参数率定洪水场次不足，不能提供使用的新安江模型参数和综合产流参数。

七、场次洪水模拟示例

采用该计算机软件系统，利用上述参数，对洪水过程进行模拟，由于篇幅所限，以下仅列出 1969 年（690730 号洪水）的模拟结果。

（1）文峪河水库入库流量模拟结果如图 2-25 ~ 图 2-28 所示。

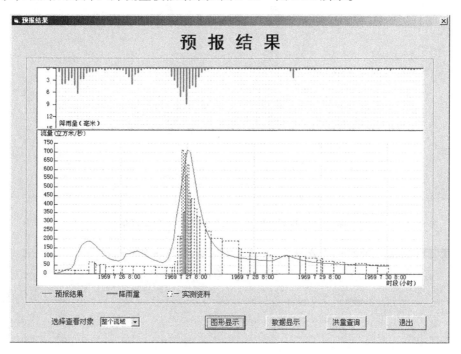

图 2-25　水库 690730 号洪水模拟（第一方案）

（2）岔口水文站流量过程模拟结果。

由于岔口水文站流量过程模拟，只有产汇流计算，没有进行河道演算，由预报方案可知，第一、第二方案的模拟效果是一样的；同理，第三、第四方案的模拟效果也是一样的。其模拟结果如图 2-29 和图 2-30 所示。

八、预报方案的评定与检验

（一）评定及检验规范

《水文情报预报规范》（SL 250—2000）规定，以流域模型等制订的水文预报方案有效性的评定和检验方法，采用确定性系数进行。预报要素采用许可误差评定和检验。

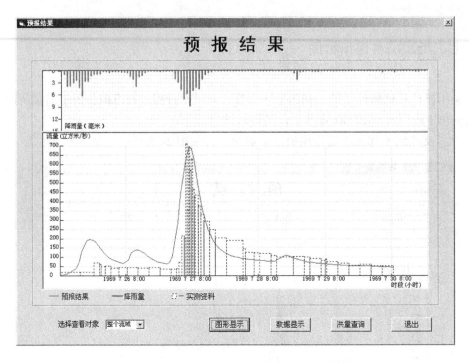

图 2-26　水库 690730 号洪水模拟（第二方案）

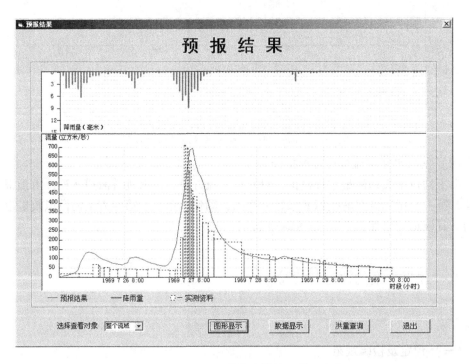

图 2-27　水库 690730 号洪水模拟（第三方案）

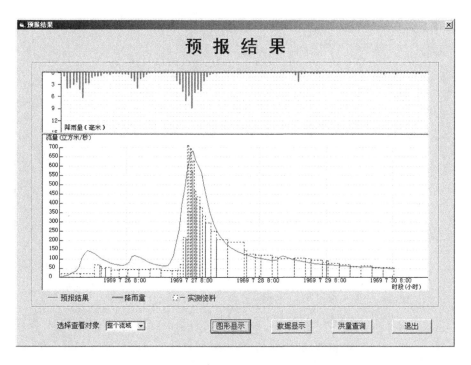

图 2-28　水库 690730 号洪水模拟（第四方案）

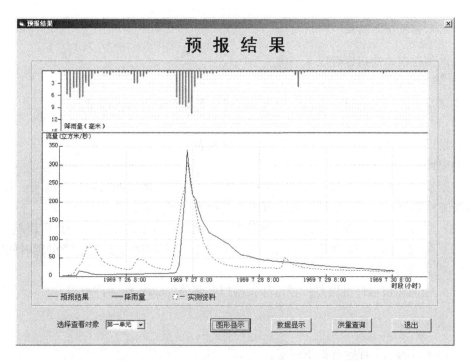

图 2-29　岔口 690730 号洪水图（第一、第二方案）

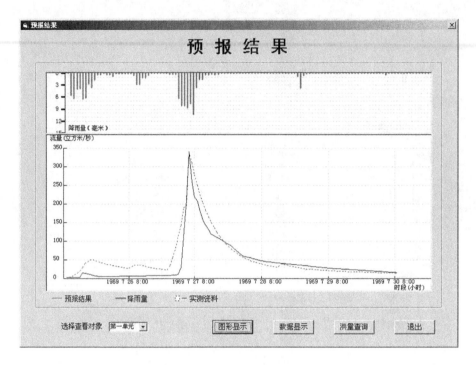

图 2-30　岔口 690730 号洪水图（第三、第四方案）

1. 洪水预报误差指标

洪水预报误差的指标有以下三种。

1）绝对误差

水文要素的预报值减去实测值为预报误差，其绝对值为绝对误差。

2）相对误差

预报误差除以实测值为相对误差，以百分数表示。

3）许可误差

依据预报成果的使用要求和实际预报技术水平等综合确定的误差允许范围。由于洪水预报方法和预报要素的不同，对许可误差进行了如下规定：

（1）洪峰预报许可误差：降雨径流预报以实测洪峰流量的 20% 作为许可误差。

（2）峰现时间预报许可误差：峰现时间以预报根据时间至实测洪峰出现时间间距的 30% 作为许可误差。

（3）径流深预报许可误差：径流深预报以实测值的 20% 作为许可误差。

2. 预报项目的精度评定

预报项目的精度评定有如下规定：

一次预报的误差小于许可误差时，为合格预报。合格预报次数与预报总次数之比的百分数为合格率，表示多次预报总体的精度水平。合格率按下式计算：

$$QR = \frac{n}{m} \times 100\% \tag{2-6}$$

式中　QR ——合格率（取 1 位小数）；

　　　n ——合格预报次数；

　　　m ——预报总次数。

预报项目的精度按合格率或确定性系数的大小分为三个等级。精度等级按表 2-8 确定。

表 2-8　预报项目精度等级

精度等级	甲	乙	丙
合格率(%)	$QR \geqslant 85.0$	$85.0 > QR \geqslant 70.0$	$70.0 > QR \geqslant 60.0$

3. 预报方案的精度评定

预报方案的精度评定有如下规定：

（1）当一个预报方案包含多个预报项目时，预报方案的合格率为各预报项目合格率的算术平均值，其精度等级仍按表 2-8 的规定确定。

（2）当主要项目的合格率低于各预报项目合格率的算术平均值时，以主要项目的合格率等级作为预报方案的精度等级。

（二）预报方案评定

根据评定检验规范，对模拟结果进行评定，评定结果见表 2-9 ~ 表 2-14。

由于率定参数的洪水场次不够及资料问题，本预报方案的评定仅使用了 1969 年、1985 年、1996 年等 3 年的洪水期资料（这 3 年都是大水年），并没有进行检验。因此，本预报方案中的评定仅是初步的、探讨性的。

九、典型洪水预报结果分析

对于给定的四种方案，前两种方案以新安江模型为构架，后两种方案以综合产流模型为构架。从模拟的总体结果来看，第一方案和第二方案差别不大，第三方案和第四方案差别也不大。本书选取 19690730 号和 19850922 号洪水作为典型洪水进行比较。

19690729 号洪水，岔口洪量 1 842.42 万 m³，洪峰值 341 m³/s，其降雨历时短，最大 1 h 降雨 10 mm 以上。这样的洪水过程具有陡涨陡落、洪峰流量大的特点，第三、第四方案的拟合效果比第一、第二方案的拟合效果要好。

表 2-9　第一、第二方案岔口评定成果

洪水时段 (年/月/日)	测站	洪量			洪峰流量			峰现时间(月/日/时)			
		实测 (万 m³)	模拟 (万 m³)	相对误差 (%)	实测 (m³/s)	模拟 (m³/s)	相对误差 (%)	实测	模拟	误差 (h)	许可误差 (h)
1969/7/25～7/30	岔口	1 842.42	1 829.43	-0.71	341	307.09	-9.9	7/27/5:00	7/27/5:00	0	3
1985/9/7～9/22	岔口	3 589.69	3 388.14	-5.6	69.9	76.96	10.1	9/10/12:00	9/10/15:00	3	8
1996/8/3～8/15	岔口	3 087.23	2 511.99	-18.6	73.8	57.90	-21.5	8/5/9:00	8/5/15:00	6	5

表 2-10　第一方案水库评定成果

洪水时段（年/月/日）	测站	洪量			洪峰流量			峰现时间（月/日/时）			
		实测（万 m³）	模拟（万 m³）	相对误差（%）	实测（m³/s）	模拟（m³/s）	相对误差（%）	实测	模拟	误差（h）	许可误差（h）
1969/7/25～7/30	水库	4 485.64	5 037.20	12.2	710.9	715.71	0.68	7/27/5:30	7/27/7:00	1.5	3
1985/9/7～9/22	水库	8 039.25	9 274.86	15.4	150.4	167.6	11.4	9/14/12:00	9/14/2:00	-10	8
1996/8/3～8/15	水库	12 380.44	11 450.02	-7.52	359	353.21	-1.61	8/5/3:30	8/5/8:00	4.5	5

表 2-11 第二方案水库评定成果

洪水时段（年/月/日）	测站	洪量			洪峰流量			峰现时间（月/日/时）			
		实测（万 m³）	模拟（万 m³）	相对误差（%）	实测（m³/s）	模拟（m³/s）	相对误差（%）	实测	模拟	误差（h）	许可误差（h）
1969/7/25~7/30	水库	4 485.64	5 047.20	12.5	710.9	688.16	-3.20	7/27/5:30	7/27/7:00	1.5	3
1985/9/7~9/22	水库	8 039.25	9 027.67	12.3	150.4	161.42	7.32	9/14/12:00	9/14/1:00	-11	8
1996/8/3~8/15	水库	12 380.44	11 450.03	-7.52	359	353.70	-1.48	8/5/15:30	8/5/8:00	-7.5	5

表 2-12　第三、第四方案岔口评定成果

洪水时段（年/月/日）	测站	洪量			洪峰流量			峰现时间（月/日/时）			
		实测（万 m³）	模拟（万 m³）	相对误差（%）	实测（m³/s）	模拟（m³/s）	相对误差（%）	实测	模拟	误差（h）	许可误差（h）
1969/7/25～7/30	岔口	1 842.42	2 118.78	15.0	341	339.28	−0.50	7/27/5:00	7/27/5:00	0	3
1985/9/7～9/22	岔口	3 589.69	3 852.56	7.32	69.9	68.27	−2.33	9/10/12:00	9/10/22:00	10	8
1996/8/3～8/15	岔口	3 087.23	3 212.08	4.04	73.8	70.58	−4.36	8/5/9:00	8/5/13:00	4	5

表 2-13　第三方案水库评定成果

洪水时段（年/月/日）	测站	洪量			洪峰流量			峰现时间（月/日/时）			
		实测（万 m³）	模拟（万 m³）	相对误差（%）	实测（m³/s）	模拟（m³/s）	相对误差（%）	实测	模拟	误差（h）	许可误差（h）
1969/7/25~7/30	水库	4 485.64	5 216.71	16.3	710.9	693.82	-2.4	7/27/5:30	7/27/8:00	2.5	3
1985/9/7~9/22	水库	8 039.25	9 642.18	19.9	150.4	160.22	6.52	9/14/12:00	9/14/5:00	-7	8
1996/8/3~8/15	水库	12 380.33	13 720.13	10.8	359	350.64	-2.32	8/5/15:30	8/6/1:00	9.5	5

表 2-14　第四方案水库评定成果

洪水时段（年/月/日）	测站	洪量			洪峰流量			峰现时间（月/日/时）			
		实测（万 m³）	模拟（万 m³）	相对误差（%）	实测（m³/s）	模拟（m³/s）	相对误差（%）	实测	模拟	误差（h）	许可误差（h）
1969/7/25～7/30	水库	4 485.64	5 432.54	21.1	710.9	682.55	-3.99	7/27/5:30	7/27/7:00	1.5	3
1985/9/7～9/22	水库	8 039.25	9 477.97	17.9	150.4	156.63	4.14	9/14/12:00	9/14/12:00	0	8
1996/8/3～8/15	水库	12 380.44	13 721.30	10.8	359	350.71	-2.31	8/5/15:30	8/6/1:00	9.5	5

19850922 号洪水，岔口洪量 3 589.69 万 m^3，洪峰值 69.9 m^3/s，形成这次洪水的降雨，其强度整体不大，但其降雨历时近 20 天。这样的洪水过程具有缓涨缓落、洪峰流量不大、洪水总量比较大的特点。由于这次洪水具有双峰特性，这给模拟工作带来了一定难度。第一、第二方案的拟合效果比第三、第四方案的拟合效果要好些。

鉴于文峪河流域的气候、地形特点，历时短、强度大的降雨较为多见，因此可以认为在该地区第三、第四方案的使用效果要好于第一、第二方案。

第三方案与第四方案相比，模拟效果不相上下，说明河道流量演算既可采用线性扩散模拟法，也可采用迟滞瞬时单位线法，两者均可取得较为理想的演算效果。

本方案的主要目的是建立一套科学、实用的洪水预报系统，使之能成为洪水预报和水库调度综合自动化系统重要的一部分。因此，系统在预报方案建立、结构功能设计、人机交互界面等方面力求先进性、可靠性、通用性和可操作性。结论主要有以下几个方面：

（1）本方案从文峪河水库流域的水文实际过程出发，在对该地区的水文过程进行分析的基础上，对不同的水文模型进行组合，建立了四种洪水预报方案（前两种方案以新安江模型为构架，后两种方案以综合产流模型为构架），并由人机联合确定模型的参数，把这些方案应用于文峪河水库流域，取得了较为满意的洪水预报结果，对进一步研究半干旱半湿润地区洪水预报方案具有积极的作用。

（2）半干旱半湿润地区的降雨径流形成过程比湿润地区复杂得多，既有蓄满产流，又有超渗产流，两种产流模式相互交织在一起，降雨时空分布的不均匀性对流域产汇流过程的影响非常显著，给研究工作带来了较大的困难。本方案将文峪河水库流域划分为四个单元流域，分别率定模型参数，以考虑降雨空间分布的不均匀性。

（3）本方案初步建立了文峪河水库流域洪水预报系统。该系统软件选用 Windows 2000 Professional 作为开发平台，SQL Server 2000 作为数据库管理系统，Visual Basic 6.0 作为开发工具。开发出的洪水预报系统功能较为完备，界面友好，具有较强的操作性。因此，本洪水预报系统具有较强的实用性。

（4）该洪水预报系统具有较强的通用性和可扩展性。采用面向对象的编程技术和关系型数据库管理系统，开发出的软件具有良好的模块化结构，扩展性良好。

（5）根据四套洪水预报方案的评定结果，可知它们各有优劣，需要说明的是，本系统投入实际运行时，待水情自动测报系统采集到更加完整的逐时雨量资料后，需对软件系统的参数重新率定，洪水预报的效果才更加明显。

（6）从洪水预报结果分析可以看出，洪水预报的理论预见期：地表径流造峰对于文峪河水库为 4~7 h，对于岔口约为 3 h；壤中流造峰对于文峪河水库为 16~17 h，对于岔口为 6~7 h。欲增长洪水预报的预见期，需要加快水文信息的自动传输速度、提高数据的传输精度。因此，水文遥测设备的可靠运行是提高洪水预报预见期的关键。也有许多文献提出：洪水预报同气象预报相结合可以增长洪水预报的预见期，提高预报精度。这一点也是洪水预报系统发展的方向。

（7）洪水预报系统以洪水预报模型为核心，它建立在对流域特性和产汇流理论的深刻理解和认识的基础之上；同时它又是一个计算机软件系统，系统的设计和开发需要现代软件工程、数据库系统以及其他有关的知识。编制该洪水预报系统软件，需要从资料整理（含合理性整理、检验、插补等）、洪水预报方案的制订、模型的校正技术至系统软件设计和开发等全方位开展工作。只有掌握了坚实的洪水预报理论，把握新时期科技发展动态，注重多学科的交叉渗透，才能真正地推动洪水预报工作向前发展，进而推动水情自动技术的进一步发展。

　　洪水预报系统作为防洪减灾的一项十分有效的非工程措施，在特定的洪水预报水平下，需要加强水文站网的合理规划，广泛应用遥感技术和雷达定量测雨技术，实行水情信息的自动采集和传递，建立洪水预警系统等。更进一步地研究半干旱半湿润地区的流域产汇流规律，充分合理地利用水资源，以促进中西部地区社会经济的和谐发展。

参 考 文 献

[1] 彭建，梁虹. 我国洪水预报研究进展 [J]. 贵州师范大学学报（自然科学版），2001，19（4）：97-102.

[2] 长江水利委员会. 水文预报方法 [M]. 2 版. 北京：水利电力出版社，1993.

[3] 章四龙. 中国洪水预报系统设计建设研究 [J]. 水文，2002，22（1）：32-34.

[4] 武鹏林，武福玉，高李宁. 工程水文理论与计算 [M]. 北京：地震出版社，1998.

[5] 潘灶新. 实时洪水预报技术在水库防洪减灾中的应用 [J]. 水利水文自动化，2001（4）：34-36.

[6] 翟来顺，崔庆瑞，汤怀义. 黄河下游防洪存在的问题及对策 [J]. 水利建设与管理，2004，24（3）：66-67.

[7] 陈敏. "98 洪水" 对水利水文自动化研究提出的课题 [J]. 水利水文自动化，1999（2）：11-13.

[8] 富曾慈. 呼之欲出的国家防汛指挥系统 [J]. 中国水利，1999（7）：4-5.

[9] Kirkby M J. Hillslope hydrology [M]. New York：John Wiley and Sons，1978.

[10] 于维忠. 论流域产流 [J]. 水利学报，1985（2）：1-11.

[11] 芮孝芳. 关于降雨产流机制的几个问题的探讨 [J]. 水利学报，1996（9）：22-26.

[12] Sittner W T，Schanss C E，Monro J C. Continuous Hydrograph Synthesis With an API－Type Hydrologic Model [J]. Water Resources Research，1969，5（5）：1007-1022.

[13] 张恭肃，王成明. 对 API 模型的改进 [J]. 水文，1996（4）：20-25.

[14] 葛守西. 现代洪水预报技术 [M]. 北京：中国水利水电出版社，1999.

[15] 赵人俊. 流域水文模型——新安江模型与陕北模型 [M]. 北京：水利电力出版社，1984.

[16] 许大同，安德顺，何长春. 流域综合产流模型的探讨 [C] // 长江流域规划办公室. 水文预报论文选集. 北京：水利电力出版社，1985.

[17] 文康，李蝶娟，金管生，等. 流域产流计算的数学模型 [J]. 水利学报，1982（8）：1-12.

[18] 王芝桂. 双曲入渗模型应用于产流计算的探讨 [J]. 水利学报，1983（8）：1-9.

[19] 李怀恩，沈晋. 现行几个主要产流模型的剖析 [J]. 水文，1996（6）：14-23.

[20] 雒文生，胡春歧，韩家田. 超渗和蓄满同时作用的产流模型研究 [J]. 水土保持学报，1992，6（4）：6-13.

[21] 包为民，王从良. 垂向混合产流模型及应用 [J]. 水文，1997（3）：18-21.

[22] Eagleson P S. Dynamic hydrology [M]. McGraw-Hill，1970.

[23] Dooge J C I. Linear theory of hydrologic systems [J]. Tech. Bul. USDA Agricultural Research Service，Beltsville，Margland，1973，1468.

[24] Sherman L K. Stream flow from rainfall by the unit graph method [J]. Eng. News Rec, 1932, 108: 501-505.

[25] 雒文生，宋星原.洪水预报与调度 [M].武汉：湖北科学技术出版社，2000.

[26] 能源部水利部水利水电规划设计总院.水利水电工程设计洪水计算手册 [M].北京：水利电力出版社，1995.

[27] Ross C N. The calculation of flood discharges by a time contour plan [J]. Transactions of the Institution of Engineers, Australia, 1921 (2): 75-78.

[28] 张文华.流域分块移滞汇流模型 [J].水利学报，1981 (3): 49-56.

[29] 冯焱.论变动等流时线 [J].水利学报，1981 (4): 1-7.

[30] Nash J E. A unit hydrograph study, with particular reference to British catchments [J]. Proc. I. C., 1960, 17: 249-282.

[31] 陈家琦，张恭肃.小流域暴雨洪水计算 [M].北京：水利电力出版社，1985.

[32] 张恭肃，黄守信，贺伟程.小流域单位线的非线性分析 [J].水利学报，1981 (3): 1-9.

[33] 长江水利委员会.水文预报方法 [M].2 版.北京：水利电力出版社，1993.

[34] 史密斯 G F.美国国家天气局河流预报系统的交互式预报 [C] //第二次中美水文情报预报研讨会论文集.北京：中国水利水电出版社，1995.

[35] Carlos E P, Bras R L. Application of nonlinear filtering in the real time forecasting of River Flows [J]. Water Resources Research,1987, 23 (4): 675-682.

[36] 文康，梁庚辰.总径流线性响应模型与线性扰动模型 [J].水利学报，1986 (6): 1-10.

[37] 王真荣.总径流非线性响应模型 (TNLR) 的研究及应用 [J].武汉水利电力大学学报，1991, 24 (5): 573-577.

[38] 王厥谋，张瑞芳，徐贯午.综合约束线性系统模型 [J].水利学报，1987 (7): 1-9.

[39] 王厥谋.综合约束线性系统预报模型 [M].郑州：黄河水利出版社，2001.

[40] 万洪涛，周成虎，万庆，等.GIS 技术支持下的洪水模型建模 [J].地理研究，2001, 20 (4): 407-415.

[41] 翟宜峰.基于 GIS/RS 的洪水灾害评估模型 [J].人民黄河，2003, 25 (4): 6-7.

[42] 杨杨，方勤生.利用地理信息系统软件计算面雨量 [J].水文，1997 (6): 24-27.

[43] 邓孺孺，陈晓翔，胡细凤，等.遥感和 GIS 支持下的平原河网区暴雨产流模型研究 [J].水文，1999 (3): 19-24.

[44] 张恭肃，杨小柳，安波.确定性水文预报模型的实时校正 [J].水文，1987 (1).

[45] 曾代球，段一贯.论非饱和产流的计算方法 [J].水文，1981 (1): 61-65.

[46] 任立良，刘新仁.数字高程模型在流域水系拓扑结构计算中的应用 [J].水科学进展，1999, 10 (2): 129-134.

[47] 任立良，刘新仁.史灌河流域数字水文模型研究 [M] //赵柏林，丁一汇.淮河流域能量与水分循环研究.北京：气象出版社，1999.

[48] Ponce V M, Simons D B. Shallow wave propagation in open channel flow [J]. Journal of Hydraulics Division, ASCE, 1977, 103 (12)：1461-1478.

[49] 庄一鸽，林三益. 水文预报 [M]. 北京：水利电力出版社，1986.

[50] 长江水利委员会. 水文预报方法 [M]. 2 版. 北京：水利电力出版社，1993.

[51] 芮孝芳. 扩散波和线性扩散模型解析解的应用 [J]. 华东水利学院学报，1985 (3)：109-113.

[52] 吴险峰，刘昌明. 流域水文模型研究的若干进展 [J]. 地理科学进展，2002，21 (4)：341-348.

[53] Overton D E. Storm-water Modeling [M]. New York：Academic Press，1975.

[54] 叶守泽，夏军. 水文系统的识别 [M]. 北京：水利电力出版社，1990.

第三章　水库实时洪水调度系统的开发

第一节　水库调度综述

一、水库调度的基本概念

水库调度一般指根据水库承担任务的主次及规定的调度原则，运用水库的调蓄能力，在保证大坝安全的前提下，有计划地对入库的天然径流进行蓄泄，实现水资源综合利用，达到除害兴利的目的，最大限度地满足国民经济和社会发展的需要，它是水库运行管理的中心环节。

水库按调度目的划分，可分为兴利调度和防洪调度，两者概念不完全相同，对于不同用途的水库，其调度原则和方法也有所差别。前者的侧重点是水库如何蓄水，在对下游防洪起到一定作用的前提下，使水库的发电兴利效益最大；后者是把下游的防洪要求作为必需的约束，使防洪效益最大。若遇上大洪水，为了整体利益，兴利调度需服从防洪调度。

水库按调度方法划分，又可分为常规调度和优化调度两大类。常规调度依据实测的径流历时过程，按照规定的运行方式，编制和绘制水库调度图或供水计划；常规调度虽然简单、直观，但调度结果不一定最优，而且不便于处理复杂的水库调度问题。优化调度则是运用系统工程方法，建立以水库为中心的水利水电系统的目标函数，拟定其应满足的约束条件，然后用最优化方法求解由目标函数和约束条件组成的系统方程组，使目标函数取得极值的水库控制运用方式，它是近年来发展较快的水库调度方法；实行水库优化调度应解决两个问题，一是如何建立水库优化调度数学模型，二是求解数学模型的最优化方法。

水库调度模型是建立在调洪计算方程基础之上，结合水库水工建筑物的特性、水库防洪和兴利要求等调度管理规程研制的调度模型，包括确定目标函数和相应的约束条件。经过近50年的发展，现有的水库调度数学模型很多，根据系统输入和目标函数特点可划分为四大类：①确定性水库优化调度模型；②随机性水库优化调度模型；③模糊性水库优化调度模型；④多目标决策理论及其在水库优化调度中的应用。选定模型的种类后，最优准则的选择至关重要，它是优化模型的核心。当一个或多个目标转化为优化准则时，把它写成数学表达式的形式，就称为目标函数。在水电站优化调度中，常采用的目标函数有：①发电量最大或经济效益最大；②受灾损失最小或费用最少；③其他一些特定的经济或非经济准则。水库调度中的另一些要求常用约束方程来表示，约束条件分物理约束（如水量平衡、资源设备限制等）和隐含有目标性质的约束（如最小下泄流量、泄流过程约束、可靠性或预算限制等）两种。目标函数是方案选择的判据，约束条件则是所有方案必须满足的要求。

水库调度模型确定后，便可用优化技术进行求解。目前，常用的方法有线性规划（LP）、非线性规划（NP）、动态规划（DP）、模糊算法等。在一些复杂庞大的水电站群优化调度研究中，随着状态变量、决策变量的数目增加，各阶段的状态组合数目急剧增多，计算工作量相当大，用常规的动态规划法将会受到计算机内存和计算时间的限制。为克服多维问题在计算机上的困难，人们提出了一些改进的动态优化方法，如离散微分动态规划（DDDP）、增量动态规划逐次逼近法（IDPSA）、逐步迭代算法（POA）等。近年来，模糊数学、灰色系统、神经网络、遗传算法等理论也被用于水库优化调度的研究中。

在我国，水库优化调度研究相对起步较晚，20世纪80年代以来，许多单位和研究学者曾用不同的理论方法对水库优化调度问题进行了研究，开辟了水库优化调度的新领域，尤其是水电站库群的发电优化调度，更是方法众多。其优化的目标函数也主要有两类：一是以发电量最大为目标，二是以系统年费用最小为目标，模型既有确定性的，也有随机性的。随着科学研究的不断深入，研究的目标逐渐由单目标扩展到了多目标，研究对象由单库扩大到了多库乃至整个流域或系统的库群，其模型也由单一模型发展到了组合模型。

（一）单一水库优化调度

单一水库的调度实际上只是在开发初期才可能存在的过渡形式。因此，从这一点上看，其重要性或常遇程度远不如库群调度。但是从方法性和发展的角度看，单库调度仍有其特定的重要意义。

（1）单库是组成库群的基本单元，因此单库调度很大程度是库群调度的基础。

（2）单库调度相对较简单，因此容易进行深入的分析和数学处理。例如入流的描述、需水要求的特性及优化调度方法等均较易细致考虑。这样既足以把库群问题中主要属于各库本身的部分划分出来，使库群调度能突出相互关系的研究；同时，掌握单库调度的理论、方法和研究途径，也有利于进一步探索解决库群问题。

（3）不少地区、河流，各库从其空间位置、水力水利联系等，关系尚十分薄弱时，也仍可作为单库看。

当然单库调度具有天然的局限性，那就是它未涉及水库间的相互关系，而这是库群调度专有的问题。

上述单一水库优化调度的研究和应用，把入库水量过程或者视作确定性的，或者视作随机性的，但事实上水文气象现象还具有一定的模糊性。1965 年，美国控制论专家 Zadeh 创立了模糊数学。1970 年，Bellman 和 Zadeh 共同提出了融经典动态规划技术与模糊集合论于一体的模糊动态规划法，为水库优化调度开辟了一条新途径。1984 年，张永川、邴凤山等把模糊等价聚类、模糊映射和模糊决策等引入水库优化调度的研究。1988 年，陈守煜提出多目标、多阶段模糊优选模型的基本原理和解法，把动态规划和优选有机结合起来。同年，陈守煜、赵瑛琪提出了系统层次分析模糊优选模型，这些研究成果为水库模糊优化调度的深入研究奠定了理论基础。

（二）水库群优化调度

水库群一般有串联、并联和混联三种排列形式。随着水资源和水电的不断开发利用，水库群已成为最常见的水利水电系统。水库群优化调度虽以单一水库优化调度的理论和方法为基础，但也不断有新的方法出现，我国在这方面的研究成果也比较丰富。

国外关于水库群优化调度的研究大约在 20 世纪 60 年代末起步，我国则始于 20 世纪 80 年代初。当时谭维炎、刘建民等在研究四川水电站水库群优化调度图和计算方法时，提出了考虑保证率约束的优化调度图的递推计算方法。1981 年，张勇传利用大系统分解协调的观点，对两并联水电站水库的联合优化调度问题进行了研究，先把两库联合问题变成两个水库的单库优化问题，然后在两水库单库最优策略的基础上引入偏优损失最小作为目标函数，对单库最优策略进行协调，以求得总体最优。1982 年，熊斯毅、邴凤山根据系统分析思想，提出了水库群优化调度的偏离损失系数法。该法采用 Markov 模型描述径流过程，偏离损失系数是通过逐时段求解最优递推方程求得的，因此能反映面临时段效益和余留期影响，该法在湖南柘溪—凤滩水电站水库群的最优调度中得到了应用。1982 年，叶秉如等提出了并联水电站水库群年最优调度的动态解析法，该法以古典优化法为基础，结合递推增优计算，在闽北水电站水库群优化调度的模拟计算中，该法可增加发电量 6.6%。1983 年，鲁子林将网络分析中最小费用算法用于水电站水库群的优化调度。1982 年，黄守信、方淑秀等提出了以单库优化为基础的两库轮流寻优法，用于并联水库群的优化调度计算。1986 年，董子敖等提出了计入径流时空相关关系的多目标、多层次优化法。该法的基本思想是：采用分区推求条件频率曲线和隐相关相结合的方法记入径流的时空相关关系，把一维动态规划逐步逼近法用于二维状态，并采用参数迭代法实现降维求单目标次优解，以克服"维数灾"障碍。1988 年，叶秉如等提出了一种空间分解算法，并将多次动态规划法和空间分解法分别用于研究红水河梯级水电站水库群的优化调度问题。同年，胡振鹏、冯尚友提出了动态大系统多目标递阶分析的分解—聚合方法，将库群多年运行的整体优化问题分解为按时间划分的一系列运行子系统，在各子系统优化的基础上，将各水库提供的年内运行策略聚合成上一级系统，并由聚合模型描述和确定水库群的多年运行过程与策略，该法为解决跨流域供水水库群联合运行中多库、多目标、多层次、调节周期长和计算时段多等复杂情况提供了有效方法，该法由三阶段子模型和跨阶段子模型组成，以时间向后截取的防洪控制点过程的峰值最小为目标函数，成功地解决了河道水流状态的滞后影响。1994 年，都金康等针对上述吴宝生等提出的方法寻优速度较慢的缺点，提出了一种简便高效的水库群防洪调度逐次优化方法。

　　模糊优化调度理论的发展历史虽然不长，但在水电站水库群的优化调度中也得到了许多应用。1994 年，王本德等提出了梯级水库群防洪系统多目标洪水调度的模糊优选模型，将 N 级有调节能力的水库顺流向分为 N 个阶段，泄流过程为状态，调度方案由泄流设备开启高度构成，并定义为决策，对应前阶段不同泄流过程的可行方案集为本阶段可行方案集，最后阶段的可行方案集为梯级水库群的可行方案集，系统的阶段目标值为矩阵的阶段数，逐阶段增加，逐级传递下泄过程与记录方案组合，计算目标值，直至最后阶段，由阶段递推矩阵的合成，利用模糊优选原理与技术，实现方案优选。该模型分别在丰满—白山梯级防洪系统和清河—南城子—柴河串、并联水库群防洪系统的优化调度中得到应用。

　　总之，应用自动监测、遥测、卫星、航空遥感和空间地理信息等现代化信息采集、传输、存储和服务技术，以科学计算和数学模拟技术为核心，以人工智能技术和会商环境为支持，构建集专家知识、经验知识和决策知识于一体的智能型决策支持系统及综合会商决策平台，理论与经验相结合，模型的改进与体制的健全并行发展，实现信息整合和资源共享，实现自然资源与经济、社会的协调发展，是未来的发展主流。

二、水库调度开发研究的意义

　　水电站水库实时洪水预报调度系统一般由雨、水情实时信息子系统，实时洪水预报子系统和实时水库调度子系统等三部分组成。雨、水情实时信息子系统的功能是信息的自动采集、传输、处理和储存。实时洪水预报子系统必须包括能进行实时校正的洪水预报模型，其功能是根据实时信息子系统提供的实时雨、水情信息，准确、及时地预报出入库洪水过程线。在洪水预报子系统预报出入库洪水及其相关洪水过程后，调度子系统成为制订水库科学调度方案的分析工具，是水库洪水预报调度系统成果的最终体现。

　　以河南省盘石头水库为例，该水库位于卫河支流淇河中游，是《海河流域规划》选定的以防洪、工业及城市生活供水为主，兼顾农田灌溉，结合发电、养殖等综合利用的在建大（2）型水利枢纽工程。其在卫河流域治理开发中的具体任务是：控制淇河洪水，配合坡洼治理及河道整治，提高淇河及卫河干流的防洪标准，减少坡洼进洪机遇，改善卫河平原洼地排涝条件，减轻下游洪涝灾害，并为鹤壁市工业、城市生活用水及下游灌区提供水源。盘石头水库雨、水情实时信息子系统和实时洪水预报子系统已经开发建设完成并投入使用。因此，在确保工程防洪安全的前提下，开发研究根据预报的实时入库洪水过程，实现水库洪水调度，有效地利用防洪库容拦蓄洪水、削减洪峰，减免洪水灾害，正确处理防洪与兴利的矛盾，有计划地对入库的天然径流进行蓄泄，获得尽可能大的水库综合效益，具有重大的实际意义。

实时水库调度子系统主要包括水库调度模型，其功能是根据实时洪水预报子系统的入库洪水过程，给出满足防洪要求的水库水位与水库出流的合理或最优配合。洪水调度子系统的具体功能应包括以下内容：

（1）调度方案的制订与仿真。

调度方案的制订可有多种形式：可按规则自动生成调度方案，可以水位或泄流量约束生成优化调度方案，可根据实时水雨情及工情信息人机交互生成调度方案，还可以是上级直接下达的决策调度方案等。对上述生成的调度方案进行快速的仿真计算，得到各方案的综合调度成果，即水库入流、泄流、水位、库容、泄流设施的开启情况等变化过程，以及相应的调洪最高水位、最大泄量等特征值。

（2）调度方案的评价与优选。

考虑决策者的意向和调度过程的简单易行，依据水库水位和防护点的组合流量等多目标值对生成的调度方案进行优选排序。

（3）调度方案的成果管理。

绘制水库调度综合成果图，可对其进行查询与打印。

（4）其他功能。

下游有防洪任务的水库，可视具体要求进行考虑区间洪水（或下游蓄、滞洪区启用状况）的水库调度方案的交互生成。

三、水库调度系统开发的主要内容及技术路线

对实时洪水优化调度的方案生成进行开发。其主要内容如下。

（1）预报期内入库洪水特性分析：根据水库已建的雨、水情实时信息子系统和实时洪水预报子系统预报的实时入库洪水，确定预报期内的入库洪水频率、洪峰流量、洪水总量等洪水要素。

（2）调洪演算：在洪水调度的调洪演算中如何合理选取时段步长，减少计算时间，提高计算精度，以满足实际生产要求，对于水库的安全调度至关重要。根据水库的工程情况，分析确定合理的调洪演算时段步长，通过数值计算进行调洪演算，得出水库的调度方案。

（3）洪水实时调度模型：全面考虑水库的工程实际情况和流域水文情况及其在流域开发治理中的具体防洪任务，针对水库洪水调度的实际状况和调度过程，开发适用于水库的洪水调度模型，分析各优化调度模型的优缺点及适用范围，选择一组模型组成盘石头水库洪水调度模型库。由于实时洪水调度所具有的特点，在水情自动测报系统开发研究的基础上，调度期内的入库洪水为已知，在实时调度中回答问题须直接、清晰，因此调度模型属于确定性优化调度，依据单库优化调度准则（最大削峰准则和最短成灾历时准则），对优化模型进行求解，并对比分析调度的结果，得出相应的结论。

（4）闸门开度优选：在调度过程中，当面临时段的库水位和泄量已知时，由泄洪设施的泄流特性，用数值计算方法对闸门开度进行优选，给出合理的闸门启闭过程。

（5）系统软件开发：根据系统的需求分析，选用界面性强、面向对象的可视化编程软件，开发界面友善、功能丰富、交互性强、可靠性高的调度软件。

①建立水库洪水调度数据库：作为水库实时洪水预报调度系统的子系统，水库实时调度系统应首先通过数据库接口与实时洪水预报子系统相衔接，因此数据库选用同实时洪水预报系统相同的 SQL Server 2000，这样不仅解决了系统间的接口问题，也减少了数据的冗余。

②建立水库洪水调度模型库：根据水库调度系统要求及调度准则，选取不同目标函数，建立数学模型并用最优化方法求解，通过调洪演算得出水库洪水实时调度策略。选用的模型有设计调洪规则调度模型、优化调度模型（最大削峰准则和最短成灾历时准则）及经验常规调度模型。

③闸门的合理启闭及决策调度：合理地开启闸门宣泄洪水是水库实时洪水调度的重要内容之一。根据调度模型计算结果，结合生产实际要求，科学、合理地拟定闸门启闭过程，为决策调度提供依据。

④人机交互界面：系统与用户间基于表、文、图形等的接口，包括输入、输出两大部分，一方面，把由键盘获得的信息和命令通过识别、理解，转换成内部形式传递给系统；另一方面，把系统运行产生的结果转换成人们易于直观接受的语言文字或图形图像等方式，传给用户。

第二节　水库洪水实时调度模型

在实时洪水预报子系统预报出入库洪水及其相关洪水过程后，实时调度子系统成为制订水库科学调度方案的分析工具，是水库洪水预报调度系统成果的最终体现。实时调度子系统主要包括水库调度模型，其功能是根据实时洪水预报子系统的入库洪水过程线，给出满足防洪要求的水库水位与水库出流的合理或最优配合。实时调度模型要求方案仿真性高、计算速度快及控制条件全面，从实用的角度上看，实时水库调度模型的求解宜采用简单但能保证一定精度的方法。

一、水库实时洪水调度关键技术问题

水库实时防洪调度，是指面临洪水，利用水库工程，根据既定的调度规程实施蓄泄方案。水库的防洪调度，直接关系到保坝安全及下游的防洪安全，又直接影响兴利效益的发挥。因此，无论是为了满足防洪要求、保障水库工程安全，还是为了取得更大的兴利效益，都必须搞好水库实时防洪调度。

（一）入库洪水与坝址洪水的区别

由于库区产汇流条件的变迁，入库洪水与坝址洪水的特性有很大的不同。

产流条件的改变，发生在水库回水区。水库形成后，回水区范围内除原来的河道外，有相当广阔的陆地面积变成了水面，使这部分面积上的降雨径流关系发生了变化。库面直接承受降水，加大了径流系数（库面径流系数约为1.0），缩短汇流历时，使入库洪水总量及洪峰流量有所增加。尤其当暴雨中心位于库区附近，回水面积占流域面积比重较大时，对洪峰增大的影响更大，并增加涨水段的水量，即降雨时段水量成为入库的洪水量。

汇流条件的改变表现为建库后，被淹没于水库中的河段及坡面上的洪水，汇流时间可忽略不计；库周围以上流域的坡面汇流时间缩短，因此导致流域总的汇流时间缩短。

入库洪水由于洪峰流量增加，水库涨水段洪量增加和洪峰时间提前，一般将使水库调洪最高水位升高或调洪库容增大。对洪水历时很短、防洪库容不大的水库，洪峰流量增加的影响较为突出，因为它在调度过程中最大下泄量与洪峰流量往往同时出现，即防洪水位主要由洪峰流量大小决定。对调洪库容较大的水库，入库洪水涨水段洪量增加的影响是主要因素，因为涨水段的洪量包括了洪峰流量，而在调洪过程中最大下泄量的出现时间一般滞后于洪峰出现时间，即调洪库容大小取决于调洪起始时间至调洪最高水位出现时刻之间的入库洪水总量。因此，入库洪水涨水段的洪量增加，使水库防洪高水位升高。

为使调洪计算接近客观实际，通常应以入库洪水过程进行调洪计算，这就要求洪水预报功能预报出的流量过程是入库的水量过程，而不是建库前资料率定的预报方案预报出的坝址处流量过程。只有这样，才能以此为依据，进行水库的实时防洪调度。

（二）预报误差的考虑

洪水过程的描述是实时优化调度的前提条件，因此洪水预报预报期的长短及其预报的精度至关重要。由于受到预报水平的限制，预报流量与实际出现的流量总有一定的出入。假定反映洪水预报可靠性的精度为μ（$\mu \leq 1$），误差为e（e可正可负），则预报精度与误差的关系为：

$$\mu = 1 - e \tag{3-1}$$

μ、e与预报期有关，预报期愈长，精度愈低，与实际来水流量的差别也愈大。

在调洪演算中，预报误差e采用正或负值依安全原则确定。对预报泄洪来说，$Q_实 = Q_预 \times (1 + e)$为最不利情况。为了保证水库预腾库容能够回蓄，在预泄期应按下式泄流：

$$R_泄 = \frac{\mu}{1 + e}Q_实 \tag{3-2}$$

（三）洪水判别条件的选择

常用的洪水判别条件如下。

1. 以库水位作为判别条件

根据水库调洪计算结果以各种频率洪水的调洪最高库水位作为判别洪水是否超过标准的依据。该法比较可靠，适用于防洪库容较大、调洪结果主要取决于洪水总量的情况，一般不会产生洪水未达标准而加大泄量或敞泄的后果，因此作为规则调度的判别标准，但判明洪水标准的时间较迟，一般要求的防洪库容较大。

2. 以入库洪峰流量作为判别条件

根据水文计算结果，以各种频率的入库洪峰流量作为判别洪水是否超过标准的依据。这种办法相对于用库水位做判别条件来说，能够提早泄水，所需防洪库容相对减少，但判断失误的可能性增大，可能造成洪水未达标准而加大泄洪造成损失的情况。因此，采用入库洪峰流量作为判别条件一般适用于防洪库容相对较小、调洪最高水位主要由入库洪峰流量决定的水库。如果防洪库容较大，则以入库流量作为判别条件要求有较好的峰量关系。

3. 以入库洪量作为判别条件

根据水文计算结果，以各种频率的入库洪水总量作为判别洪水是否超过标准的依据。这种办法适用于调节性能好、削峰作用大的水库。统计洪量的时段长短要根据水库泄洪能力和洪水特性加以选择确定。泄洪能力大，或骤涨骤落的单峰型洪水，时段可以取得短些；反之，泄洪能力小或涨落平缓的洪水，时段要长。

4. 以洪水频率作为判别条件

洪水频率与洪峰流量等洪水要素密切相关，同时洪水频率的大小决定了优化调度模型的选择。目前，识别洪水频率的方法有：按一场洪水的洪峰流量或洪水总量出现的频率识别，即排频法；按洪水涨率识别，即洪水频率的判断采用前面几个时段（预报精度高）的洪水涨率识别；考虑洪峰与洪量的综合分析法等。

二、皮尔逊Ⅲ型频率曲线的数值求解

水文随机变量究竟服从何种分布，目前还没有充足的论证，而只能以某种理论线型近似代替，这些理论线型并不是从水文现象的物理性质方面推导出来的，而是根据经验资料从数学的已知频率函数中选出来的。迄今为止，国内外采用的理论线型已有 10 余种，不过，从现有的资料来看，皮尔逊Ⅲ型曲线和对数皮尔逊Ⅲ曲线比较符合水文随机变量的分布，《水利水电工程水文计算规范》（SL 278—2002）和《水利水电工程设计洪水计算规范》（SL 44—2008）中也规定：频率曲线的线型一般应采用皮尔逊Ⅲ型……因此皮尔逊Ⅲ型是水文频率计算中最常用的线型，我国目前基本上都是采用皮尔逊Ⅲ型曲线。

皮尔逊Ⅲ型曲线是一条一端有限、一端无限的不对称单峰、正偏曲线，数学上常称为伽马分布，其概率密度函数为：

$$f(x) = \frac{\beta^{\alpha}}{\Gamma(\alpha)} (x - a_0)^{\alpha-1} e^{-\beta(\alpha-a_0)} \tag{3-3}$$

式中　$\Gamma(\alpha)$——α 的伽马函数；

　　α，β，a_0——参数。

伽马函数 $\Gamma(x)$ 的定义为：

$$\Gamma(x) = \int_0^{\infty} e^{-t} t^{x-1} dt \quad (x > 0) \tag{3-4}$$

计算方法为：

当 $2 < x \leq 3$ 时，用切比雪夫（Chebyshev）多项式逼近

$$\Gamma(x) = \sum_0^{10} a_i (x - 2)^{10-i} \tag{3-5}$$

其中，$a_0 = 0.000\ 067\ 710\ 6$，$a_1 = -0.000\ 344\ 234\ 2$，$a_2 = 0.001\ 539\ 768\ 1$，$a_3 = -0.002\ 446\ 748\ 0$，$a_4 = 0.010\ 973\ 695\ 8$，$a_5 = -0.000\ 210\ 907\ 5$，$a_6 = 0.074\ 237\ 907\ 1$，$a_7 = 0.081\ 578\ 218\ 8$，$a_8 = 0.411\ 840\ 251\ 8$，$a_9 = 0.422\ 784\ 337\ 0$，$a_{10} = 1.0$。

当 $0 < x \leq 2$ 时，利用公式

$$\begin{cases} \Gamma(x) = \frac{1}{x} \Gamma(x+1) & (1 < x \leq 2) \\ \Gamma(x) = \frac{1}{x(x+1)} \Gamma(x+2) & (0 < x \leq 1) \end{cases} \tag{3-6}$$

当 $x > 3$ 时，利用公式

$$\Gamma(x) = (x-1)(x-2)\cdots(x-i)\Gamma(x-i) \tag{3-7}$$

可以推证，式（3-3）中的三个参数与总体的三个统计参数 $\bar{x}$、C_v、C_s 具有下列关系：

$$\begin{cases} \alpha = \dfrac{4}{C_s^2} \\ \beta = \dfrac{2}{\bar{x} C_v C_s} \\ a_0 = \bar{x}\left(1 - \dfrac{2C_v}{C_s}\right) \end{cases} \tag{3-8}$$

在水文计算中，随机变量 x_P 与相应频率 P 应满足下述等式：

$$P = P(x \geq x_P) = \frac{\beta^{\alpha}}{\Gamma(\alpha)} \int_{x_P}^{\infty} (x - a_0)^{\alpha-1} e^{-\beta(x-a_0)} dx \tag{3-9}$$

显然，当 α、β、a_0 三个参数已知时，则 x_P 和 P 为一一映射关系。由式（3-8）知，α、β、a_0 与分布曲线的 $\bar{x}$、C_v、C_s 有关，因此 $\bar{x}$、C_v、C_s 三个参数一经确定，P 仅与 x_P 有关，可由 x_P 唯一地来计算 P；反之，频率 P 已知时，可由 P 唯一地来计算相应的 x_P。但是直接计算上述无穷积分是非常繁杂的，通常做法是通过变量转换，根据拟定的 C_s 值进行积分，并将成果制成专用表格以供查用。

$$\Phi = \frac{x - \bar{x}}{\bar{x}C_v} \tag{3-10}$$

则有：

$$x = \bar{x}\,(1 + C_v\Phi) \tag{3-11}$$

$$\mathrm{d}x = \bar{x}C_v\mathrm{d}\Phi \tag{3-12}$$

这里，Φ 的均值为零，均方差为 1，通常称 Φ 为离均系数。将式（3-11）、式（3-12）代入式（3-7），简化后可得：

$$P(\Phi > \Phi_P) = \int_{\Phi_P}^{\infty} f(\Phi,C_s)\mathrm{d}\Phi \tag{3-13}$$

其中，被积函数只含有一个待定参数 C_s，其他两个参数 $\bar{x}$ 和 C_v 都包含在 Φ 中，因而只要假定一个 C_s 值，便可从式（3-13）通过积分求出 P 与 Φ_P 之间的关系。对于若干给定的 C_s 值，P 与 Φ_P 的对应数值表已先后由美国工程师福斯特和苏联工程师雷布京制作出来。

随着计算机技术和数值计算方法的发展，将频率计算中繁杂的手工查表操作由计算机程序来实现已经成为可能。文中采用如下方法进行计算：

首先，由"皮尔逊Ⅲ型频率曲线的离均系数 Φ_P 值表"查得 $P = 0.000\,1$ 时的 C_s 及对应的 Φ_P 值，并以数组的形式存储。给定 $\bar{x}$、C_v、C_s 值，由线性插值求得 $P = 0.000\,1$ 时 C_s 值相应的 $\Phi_{0.000\,1}$。其次，由式（3-11）计算得 $x_{0.000\,1}$，并将 $x_{0.000\,1}$ 近似认为随机变量的上限值（在水利工程设计中，洪水计算会遇到稀有频率问题，但极少遇到重现期超过 10 000 年，即 $P < 0.000\,1$ 的设计标准）。最后，对密度函数，即式（3-3），在 $(x \sim x_{0.000\,1})$ 上进行积分，化无穷积分为定积分，通过龙贝格积分法求解，即得特征值 x 相应的频率 P。

当频率 P 为已知时，由 x 与 P 的一一对应关系，通过一维搜索方法在给定区间内进行求解，可得特定频率 P 对应的特征值 x_P。

上述频率计算方法求解思路明确、原理简单，通过计算机编制程序模块，可在软件中方便调用。经实例验证表明，计算精度满足实际要求。

三、水库调洪计算原理和方法

（一）水库调洪计算原理

天然洪水从流入水库，通过泄洪设备，向下游河道泄出的整个过程，是水流运动中的一种不稳定流动过程。从理论上说，应该采用水力学中不稳定流的理论来求解水库的调洪过程。但是，在通常情况下，水流注入水库后，过水断面增长较大，流速变得很小，加之实际计算中不稳定流计算过程繁杂，需要的地形、水力资料较难获得。因此，为便于使用，可近似假设库内的流速趋近于零，且库面趋近于水平。这样，上述水流的不稳定流问题就可近似地作为稳定流来处理。在这种假定条件下，有限时段 $\Delta t = t_{n-1} - t_n$ 内的水量平衡方程式可写成：

$$\frac{1}{2}(Q_{n-1} + Q_n)\Delta t - \frac{1}{2}(R_{n-1} + R_n)\Delta t + (P - \Delta Z)\Delta A \times 1\,000 = V_{n-1} - V_n \quad (3\text{-}14)$$

式中　Δt——第 n 时段长，s；

　　　Q_{n-1}、Q_n——时段始、末的入库流量，$\mathrm{m^3/s}$；

　　　R_{n-1}、R_n——时段始、末的出库流量，$\mathrm{m^3/s}$；

　　　P——时段内库面降水量，mm；

　　　ΔZ——时段内水面蒸发、渗漏等损失量，mm；

　　　ΔA——时段内库面积变化的平均值，$\mathrm{km^2}$；

　　　V_{n-1}、V_n——时段始、末水库蓄水量，$\mathrm{m^3}$。

若库面面积所占流域面积的比例较小，或 $(P - \Delta Z) \times \Delta A$ 值不大可忽略不计，则式（3-14）可简写为：

$$V_n - V_{n-1} = \frac{Q_{n-1} + Q_n}{2}\Delta t - \frac{R_{n-1} + R_n}{2}\Delta t \quad (3\text{-}15)$$

（二）调洪计算方法

由于计算机技术的飞速发展，对水库调洪计算方程的求解已主要着重于数值解法，以往的图解、解析等算法已不再使用。

1. 试算法

试算时，将式（3-15）改写为：

$$V_n = V_{n-1} + \frac{Q_{n-1} + Q_n}{2}\Delta t - \frac{R_{n-1} + R_n}{2}\Delta t \quad (3\text{-}16)$$

试算从第一时段开始，逐时段连续进行。对于第一时段，Q_0、Q_1、R_0 及 Δt 均为已知，假设一个 R_1，可计算出 V_1，由 V_1 查水库蓄泄曲线得 R_1，若二者相等，则假设的 R_1 即为所求；否则，重新假设 R_1，重复上述计算过程，直至二者相等。以时段末的 R_1、V_1 作为第二时段的初始条件，求得第二时段末的 R_2、V_2。逐时段连续试算，即可求得下泄流量过程和水库蓄水过程。试算法概念明确、计算精度高，适用于多种情况。每个时段的试算，可以用一个精度指标来控制，如果本时段的计算结果满足给定的精度，即可转入下一时段的计算。试算法迭代收敛的速度取决于给定的精度指标，一般来说，收敛速度还是比较快的，但有时可能会出现迭代时间较长、无法满足精度指标的现象。

2. 龙格—库塔数值解法

一般库水面坡降很小，忽略动库容影响，近似看成静水面，水库蓄水量 V 只随坝前水位 Z 而变。若假定水库水位为水平起落，则水库调洪演算的实质，乃是对下列微分方程求解，即

$$\frac{\mathrm{d}V(Z)}{\mathrm{d}t} = Q(t) - R(Z) \qquad (3\text{-}17)$$

若已知第 n 时段内的预报入库平均流量 Q_n，n 时段初的水位 Z_{n-1} 与库容 V_{n-1}，时段初的泄流量 $R(Z_{n-1})$，泄流设备的开启状态，则应用定步长四阶龙格—库塔法求解，可得 n 时段末的库容 V_n，即

$$V_n = V_{n-1} + \frac{1}{6}\big[k_1 + 2(k_2 + k_3) + k_4\big] \qquad (3\text{-}18)$$

其中

$$\begin{cases} k_1 = \Delta t\ \{Q_n - R\ [Z\ (V_{n-1})]\} \\ k_2 = \Delta t\ \{Q_n - R\ [Z\ (V_{n-1} + k_1/2)]\} \\ k_3 = \Delta t\ \{Q_n - R\ [Z\ (V_{n-1} + k_2/2)]\} \\ k_4 = \Delta t\ \{Q_n - R\ [Z\ (V_{n-1} + k_3)]\} \end{cases} \qquad (3\text{-}19)$$

注：$Z(*)$ 由库容在水库水位—库容关系曲线上用三次自然样条插值法求得；$R(*)$ 由水库水位及泄流设备的开启状态确定；Δt 为第 n 时段的时段长，Δt 越小则计算精度越高，但计算时间相应加长。求得 V_n 后，即可求得 Z_n，从而可得水库水位、库容、泄量随时间的变化过程。

调洪演算时段步长的选取可依据计算中要求达到的水位变幅精度确定，特别对复式泄洪建筑物或带有胸墙的泄水堰，需通过水位确定泄洪建筑物的开启及出流情况。假定要求调洪演算能反映水位变幅为 1 cm 的泄流过程，某水库泄流能力分析如表 3-1 所示。

表 3-1　某水库泄流能力分析

Z （m）	V （$\times 10^4$ m³）	R （m³/s）	ΔZ （cm）	ΔV （$\times 10^4$ m³）	$\Delta V/\Delta Z$ （$\times 10^4$ m³/cm）	Δt （min/cm）
215	4 175	0				
216	4 500	75	100	325	3.25	7.22
217	4 850	119	100	350	3.5	4.90
218	5 200	163	100	350	3.5	3.57
219	5 550	207	100	350	3.5	2.81
220	5 900	249	100	350	3.5	2.34
221	6 350	335	100	450	4.5	2.23
222	6 800	421	100	450	4.5	1.78

续表 3-1

Z (m)	V ($\times 10^4$ m^3)	R (m^3/s)	ΔZ (cm)	ΔV ($\times 10^4$ m^3)	$\Delta V/\Delta Z$ ($\times 10^4$ m^3/cm)	Δt (min/cm)
223	7 250	507	100	450	4. 5	1. 47
224	7 700	591	100	450	4. 5	1. 26
225	8 100	677	100	400	4	0. 98
226	8 500	739	100	400	4	0. 90
227	9 050	801	100	550	5. 5	1. 14
228	9 600	863	100	550	5. 5	1. 06
229	10 190	925	100	590	5. 9	1. 06
230	10 780	987	100	590	5. 9	0. 99
231	11 390	1 039	100	610	6. 1	0. 97
232	12 000	1 091	100	610	6. 1	0. 93
233	12 625	1 143	100	625	6. 25	0. 91
234	13 250	1 193	100	625	6. 25	0. 87
235	13 925	1 245	100	675	6. 75	0. 90
236	14 600	1 285	100	675	6. 75	0. 87
237	15 375	1 325	100	775	7. 75	0. 97
238	16 150	1 365	100	775	7. 75	0. 94
239	16 900	1 403	100	750	7. 5	0. 89
240	17 650	1 443	100	750	7. 5	0. 86
241	18 440	1 479	100	790	7. 9	0. 89
242	19 230	1 513	100	790	7. 9	0. 87
243	20 015	1 547	100	785	7. 85	0. 845
244	20 800	1 583	100	785	7. 85	0. 82
245	21 700	1 617	100	900	9	0. 92
246	22 600	1 649	100	900	9	0. 90

续表 3-1

Z (m)	V ($\times 10^4$ m³)	R (m³/s)	ΔZ (cm)	ΔV ($\times 10^4$ m³)	$\Delta V/\Delta Z$ ($\times 10^4$ m³/cm)	Δt (min/cm)
247	23 550	1 679	100	950	9.5	0.94
248	24 500	1 711	100	950	9.5	0.92
249	25 475	1 741	100	975	9.75	0.93
250	26 450	1 773	100	975	9.75	0.91
251	27 400	1 801	100	950	9.5	0.87
252	28 350	1 831	100	950	9.5	0.86
253	29 425	1 859	100	1 075	10.75	0.96
254	30 500	1 889	100	1 075	10.75	0.94
255	31 625	1 917	100	1 125	11.25	0.97
256	32 750	1 943	100	1 125	11.25	0.96
257	33 975	1 969	100	1 225	12.25	1.03
258	35 200	1 997	100	1 225	12.25	1.02
259	36 465	2 100	100	1 265	12.65	1.00
260	37 730	2 268	100	1 265	12.65	0.9
261	38 965	2 477	100	1 235	12.35	0.83
262	40 200	2 718	100	1 235	12.35	0.75
263	41 475	2 989	100	1 275	12.75	0.71
264	42 750	3 285	100	1 275	12.75	0.64
265	44 250	3 648	100	1 500	15	0.68
266	45 750	3 999	100	1 500	15	0.62
267	47 275	4 432	100	1 525	15.25	0.57
268	48 800	4 878	100	1 525	15.25	0.52
269	50 430	5 307	100	1 630	16.3	0.51
270	52 060	5 831	100	1 630	16.3	0.46

由表 3-1 可知，为满足调洪演算的精度要求，时段步长需进行合理的选取。为了便于编程计算，将预报时段划分为整数段，计算时段步长可取为 30 s，假定水库入流为线性入流，在自然样条函数拟合水库特性曲线的基础上，采用龙格—库塔法进行调洪演算。

四、设计调洪规则模型

（一）规则调度方式

每一个水库都有既定的调度规则，大多是基于水位指标的分级调度原则，或是以入库流量为控制的分级调度原则，在设计时，大多未考虑预报因素，是相对保守的调度方式。在大多数情况下，实时预报调度方式的效果比规则调度方式的好。但规则调度相对比较安全可靠，人们常常把它作为考核预报调度模型效果的基础方案。按规则调度时，泄流量通常是已知的，水量平衡方程求解比较方便，只需考虑泄洪设施的泄流能力约束。

（二）规划设计泄流方式存在的主要问题

（1）设计要求各种标准的洪水调度初期阶段，都从防洪限制水位起调，按照一个泄流方式与规则运行。没有低于或高于汛限水位的泄流方式及规则。

（2）判断何时改变泄流量的规则指标是从设计洪水过程抽象出来的，而设计洪水是基于峰、量同频率的假定，由典型洪水放大推求的，与实际洪水差别较大。如"规则"用"水位"作为改变泄流量的指标，当实际发生峰超标准、量低于标准的洪水，则会贻误下游错峰时机；若"规则"用"流量"作为改变泄流量的指标，当实际发生量超标准、峰低于标准的洪水，则库水位将高于设计值，影响水库的安全。

（3）判断何时改变泄流量的规则指标选定时，没有考虑洪水预报或降雨预报。

（4）遭遇超下游防洪标准洪水时，不能动用拦洪库容或调洪库容。

五、洪水优化调度模型

水库优化调度是根据入库洪水过程，运用系统工程理论和最优化方法确定目标函数，建立数学模型，并通过数值计算方法对入库洪水进行调度，求得水库的泄流过程。以下结合盘石头水库的具体工程情况，建立优化调度模型，并给出模型求解方法。

（一）变量的选取

考虑水库的洪水预报，取多阶段序列的阶段变量为洪水过程中预报期 T 内的时段变量，以 t（1，2，$\cdots$，n）表示，令时段初编号与阶段序号一致，时段末编号为 $t+1$；入库洪水过程由预报已知，用离散系列表示为：$Q（T）= Q_1$，Q_2，$\cdots$，Q_n，Q_{n+1}；状态变量为各时段末水库蓄水量 V_{t+1}；决策变量为面临时段水库平均下泄流量 R_t。

（二）约束条件

（1）水库泄流设备泄洪能力约束（据库容—泄量关系曲线确定）：

$$R_t \leq G(Z_t) \tag{3-20}$$

式中　$G（Z_t）$——水库设施 t 时段最大泄洪能力。

（2）水库蓄水能力约束：

$$Z_{\min} \leq Z_t \leq Z_{\max} \tag{3-21}$$

式中　$Z_{\min}$——水库允许的最小库容，泄洪时可取为死水位 207 m；

　　　$Z_{\max}$——水库最大蓄洪能力，当入库洪水不超过百年一遇时，可由防洪高水位确定，为 270 m。

（3）水库最大、最小允许泄量约束：

$$R_{\min} \leq R_t \leq R_{\max} \tag{3-22}$$

式中　$R_{\min}$——水库兴利的基本用水量，可取为 0.5 m^3/s；

　　　$R_{\max}$——最大允许下泄量，可依泄流设备泄洪能力约束确定。

（4）防洪控制点泄流量约束：

$$(R_t + Q_{区}) \leq R_{安} \tag{3-23}$$

式中　R_t、$Q_{区}$——t 时段初水库下泄流量与区间洪水流量；

　　　$R_{安}$——防洪控制点的安全泄量，依洪水大小由下游河道排涝能力或防洪能力确定，也可分级控泄。

（5）下泄流量变化率约束：

$$|R_{t+1} - R_t| \leq \Delta R \tag{3-24}$$

式中　ΔR——规定差值，由水库溢流设施闸门开启状态及河道水流稳定性要求确定。

（6）调度期末水位约束：

$$Z_{n+1} \geq Z_{end} \tag{3-25}$$

式中　Z_{end}——调度期末兴利要求的最低水位，汛初或汛期取为防洪限制水位，汛末取为正常蓄水位。

（三）防洪水库优化准则及数学模型

水库设计运行中防洪任务的提法有三种：一是减轻水库下游防洪保护区的洪涝灾

害；二是防止库区城镇农田的洪淹损失；三是保证大坝一定频率洪水的安全宣泄。对防洪优化调度，只要满足下面两个条件就能达到最优：第一是充分利用河道下泄，即当洪水大于下游安全泄量的时间按下游安全泄量下泄，使水库拦蓄的成灾洪水最小；当水库不能全部拦蓄成灾洪水时，使分洪量最小；对中小洪水，为了减轻下游防洪负担，可采取分级放流。第二是必须拦蓄成灾洪水，水库在蓄泄过程中，应充分利用河道调蓄作用，使动用的防洪库容最小。换言之，使其能多腾出一部分库容多削减一些洪峰，减少一些分洪量，提高防洪标准。

1. 优化准则

根据洪水预报系统所预报的入库洪水过程，比照历史洪水资料推测该次洪水的重现期，以此决定不同的目标函数，通过最优化的方法寻求相应目标函数达到极值或最优的运行策略。

在预报期 T 内，入库洪水过程 Q_t 由预报已知，则入库洪量为：

$$W_{\lambda T} = \sum_{t=1}^{n} Q_t \Delta t \tag{3-26}$$

洪水重现期由洪峰流量与洪水总量经综合分析法判定。调度末水位由洪水发生期所处汛期的位置确定，如果洪水发生在汛末，无疑应取充满水库的方案，若洪水发生在汛初或汛期，为迎接下次洪水到来，不蓄水比较安全。如果气象预报良好，则可根据未来几天内的气象条件，结合水库的泄流能力和下游区间的未来洪水过程，合理确定调度末的水库水位。据水量平衡方程，由起调水位、调度末水位和入库洪量可求得预报期内的超载洪量：

$$W_{出T} = W_{\lambda T} - (V_{末} - V_{初}) = \sum_{t=1}^{n} R_t \Delta t \tag{3-27}$$

（1）最大削峰准则：即以能使下泄洪峰流量削减最多作为防洪调度优化性的评判标准，防洪库容有限的情况常用此准则。其依据是，防洪库容一定时，R 平方和最小，等价于下泄流量最均匀。最大削峰准则示意见图 3-1。

无区间洪水时，目标函数为：

$$\min \sum_{t_b}^{t_e} R_t^2 \Delta t \tag{3-28}$$

其中，t_b、t_e 为成灾期始末。如考虑预泄，可将计算时段延展到整个预报期，这样可在后期洪水到来前多腾空一部分库容，以减轻后期调度压力。即

$$\min \sum_{t=1}^{n} R_t^2 \Delta t \tag{3-29}$$

考虑此优化模型，为一线性约束的二次规划问题：

$$\min \sum_{t=1}^{n} R_t^2 \Delta t$$

$$\text{s.t } W_{出T} = \sum_{t=1}^{n} R_t \Delta t$$

求解此二次规划，构造拉格朗日函数，将等式约束求极值变为无条件极值问题。

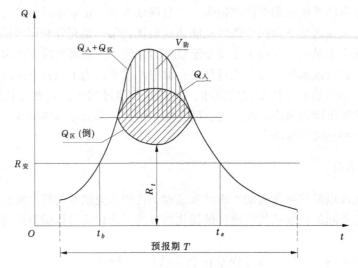

图 3-1　最大削峰准则示意

$$F(\lambda, R_t) = \sum_{t=1}^{n} R_t^2 \Delta t + \lambda \left(W_{\text{出}T} - \sum_{t=1}^{n} R_t \Delta t \right) \tag{3-30}$$

据多元函数极值条件有：

$$\frac{\partial F}{\partial \lambda} = W_{\text{出}T} - \sum_{t=1}^{n} R_t \Delta t = 0 \tag{3-31}$$

$$\frac{\partial F}{\partial R_t} = 2\Delta t \times R_t - \lambda \Delta t = 0 \tag{3-32}$$

联立式（3-31）和式（3-32），解方程组可得：

$$R_t = \frac{W_{\text{出}T}}{n\Delta t} = \frac{\sum\limits_{t=1}^{n} R_t}{n} \tag{3-33}$$

有区间洪水时，优化模型为：

$$\min \sum_{t=1}^{n} (R_t + Q_{\text{区}t})^2 \Delta t \tag{3-34}$$

$$\text{s. t } W_{\text{出}T} = \sum_{t=1}^{n} R_t \Delta t$$

假定 $Q_{\text{区}t}$ 为已知，用同样方法求解有：

$$F(\lambda, R_t) = \sum_{t=1}^{n} (R_t + Q_{\text{区}t})^2 \Delta t + \lambda \left(W_{\text{出}T} - \sum_{t=1}^{n} R_t \Delta t \right) \tag{3-35}$$

极值条件为：

$$\frac{\partial F}{\partial \lambda} = W_{\text{出}T} - \sum_{t=1}^{n} R_t \Delta t = 0 \tag{3-36}$$

$$\frac{\partial F}{\partial R_t} = 2\Delta t (R_t + Q_{\text{区}t}) - \lambda \Delta t = 0 \tag{3-37}$$

求解可得：

$$R_t = \frac{W_{\text{出T}}}{n\Delta t} + \left(\frac{\sum_{t=1}^{n} Q_{\text{区}t}}{n} - Q_{\text{区}t} \right) \tag{3-38}$$

其中，$t = 1$，2，$\cdots$，n。

（2）最短成灾洪水历时准则：对于上下游农田的防洪除涝，或交通干线的防洪防淹可用此准则，最短成灾历时准则示意见图3-2，其目标函数为：

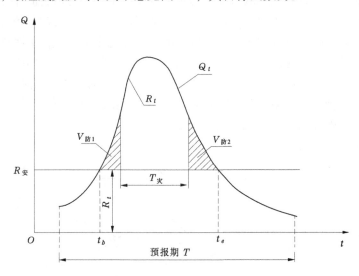

图 3-2 最短成灾历时准则示意

无区间洪水时：

$$\min\{T_{\text{灾}}\} = \max \sum_{t_b}^{t_e} (R_t - R_{\text{安}})^2 \Delta t \tag{3-39}$$

有区间洪水时：

$$\min\{T_{\text{灾}}\} = \max \sum_{t_b}^{t_e} (R_t + Q_{\text{区}t} - R_{\text{安}})^2 \Delta t \tag{3-40}$$

防洪库容有效地用于成灾期的首尾两段，超载洪量在尽可能短的时间内迅速泄出。

（3）最小洪灾损失或最小防洪费用准则：

$$\min \sum_{t=1}^{n} cR_t \Delta t \tag{3-41}$$

式中 c——洪灾损失系数，由分析洪灾调查统计资料得出。

根据经验，单一调度模型用于整个汛期的洪水调度具有一定的局限性，在实际调度过程中，可依据洪水预报，对面临预报期内的入库洪水进行分析判别后，依具体情况分别采用不同的优化准则进行调度决策。

2. 模型的解算方法

对以上解析模型，可用线性或非线性规划的方法解出最优放水决策 R_t，也可用动态规划方法来求解。由于水库泄流对河道出流的滞后影响作用与目标函数全局优选相联系，使这一多阶段决策问题具有更大的复杂性。运用动态规划方法（DP）建立防洪调度模型，必须考虑无后效性影响，即在处理了无后效性的条件下，采用动态规划法描述防洪系统调节一场洪水的全过程。POA（逐次迭代算法，见图3-3）是 H. R. Howson 和 N. G. F. Sando 为了克服 DP 的"维数灾"在1975年提出的。他们将最优化原理重新描述为：最优路线具有这样的特性，每对决策集合相对它的初始值和终止值而言都是最优的。据此，以多阶段决策的初始可行解为基础，将多阶段问题分解为多个两阶段问题，每次都只对多阶段决策中的两个阶段的决策进行优化调整，将上次优化结果作为下次优化的初始条件，如此逐时段进行，反复循环，直至收敛。每个两阶段决策调整的特点，是以固定进行决策调整的两个阶段的端点状态（同时也保持端点以外的状态和决策轨迹不变）为前提，两阶段的内部调整总是要满足端点状态的闭合条件。当目标函数为凸函数时，POA 法收敛于问题的最优解。

POA 法的求解步骤如下。

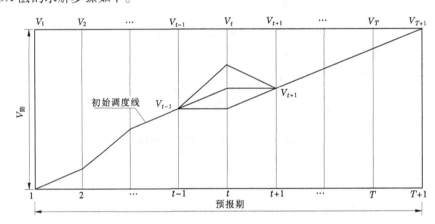

图3-3　逐次迭代算法（POA）求解步骤示意图

步骤1：给定一组 V_t^k （$t=1, 2, \cdots, T+1$）初始值（V_1^0、V_{T+1}^0 为定值），置 $k=0$，k 为逐次寻优次数。

步骤2：固定 V_{t-1}^k、V_{t+1}^k 两个值，用一维搜索寻优方法求解数学模型，可求得使 $G(V_{t-1}^k, V_{t+1}^k)=f_t(V_{t-1}^k, V_t^k)+f_{t+1}(V_t^k+V_{t+1}^k)$ 最优的 V_t^{k*}，用新值 V_t^{k*} 代替老值 V_t^k，再固定 V_{t+2}^k，用同法求得新值 V_{t+1}^{k*}，并用 V_{t+1}^{k*} 代替 V_{t+1}^k，使 $t=2, 3, \cdots, T$ 循环迭代，完成一轮计算。

步骤3：把前一轮求出的新轨迹替代旧轨迹，重复步骤2，然后比较两轮轨迹，判断 $|V_t^{k+1}-V_t^k| \leq \varepsilon$ 是否满足精度，如不满足，则用 $k+1$ 次求得的轨迹替代 k 次轨迹，重复步骤3，否则转到步骤4。

步骤4：$k+1$ 次轨迹为最优轨迹，按此轨迹计算各时段最优目标函数等。

六、决策调度方法

（一）前向卷动决策方法

利用上述模型进行实时调度时，尚需应用不断更新的连续的洪水预报信息，逐时段改进调度方案，随时做出实施运行决策的实际调度过程，这种决策方法即前向卷动决策方法。可简要描述如下：在防洪系统实时调度中，根据每一轮次预报的洪水过程，求出该次预报下的系统运行策略，仅取整个策略中前面若干时段的决策去实施，其余一概舍掉；在实施面临几个时段决策的过程中，下一轮次的洪水预报又已做出，于是根据新的预报信息即系统实际蓄水、出流状态，再次求解模型，又得到新预报下的系统运行策略，取该次面临几个时段的决策去实施，余者舍去。如此不断利用更新的预报资料，求出相应的系统运行实施决策，便形成一个"预报—决策—实施"的不断向前卷动的递进过程，从而完成一次洪水的实时调度。其基本思路与实质可用图形直观描绘如图 3-4 所示。

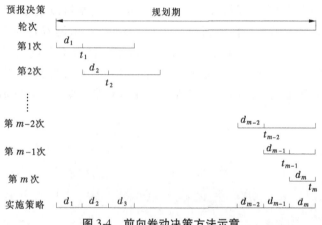

图 3-4　前向卷动决策方法示意

图中：一场实际洪水的总历时称为"规划期"；一轮"预报—决策—实施"循环中，洪水预报的时段数称为"预报期"（T）；一轮循环中实施决策的时段数称为"有效决策期"（D）；d 为实施决策。

通过前向卷动决策，逐时段校正洪水预报，调整调度方案，可以有效地避免预报误差的传播，提高调度的可靠性。

（二）闸门启闭规则

依水库运行指定的闸门启闭规则，给定闸门开度，由泄流能力计算公式可得下泄流量；拟定下泄流量，用一维搜索方法可得相应泄量下的闸门开度。

第三节　盘石头水库洪水调度基本资料及调度原则

一、水库流域概况

淇河是卫河左侧主要山区支流之一。发源于山西省陵川县方脑岭，流经陵川、辉县、林州、鹤壁、淇县、浚县等县（市），到淇门村以西之小河口东注入卫河，干流全长 140 km，流域面积 2 142 km²。土圈以上分南、北两支。南支仍名淇河，北支名淅河，南支自山西省陵川县方脑岭，经辉县接入林州境内，河行于山谷，经坡澜掌向东入临淇盆地，再下经荷花村复入山峡合合河口与东流之淅河汇合，长 50 km，北支淅河自山西陵川县平城镇杨寨村，流经峡谷至合涧盆地，至富家庄又入山峡，到合河口注入淇河，长 93 km²，坡度陡峻，水流湍急，河底纵坡在 1/100 ~ 1/250。南、北两支汇合后，仍穿行于峡谷中，向东流至贺家村，出山口进入平原。贺家村以上坡陡流急，河底深潭、急流、跌水甚多，最大跌水在白龙庙西，跌差达 6 m。山区河谷宽在 100 m 以上，河口出山后进入较高的地区，在大赉店西穿过京广铁路，转向正南过卫贤镇至小河口入卫河。合河口以下河长 92 km。京广铁路以东两岸地势平坦。淇河在京广铁路以下纯属排洪河道，无流域面积汇入。同时，淇河流域无森林覆盖。盘石头水库流域见图 3-5。

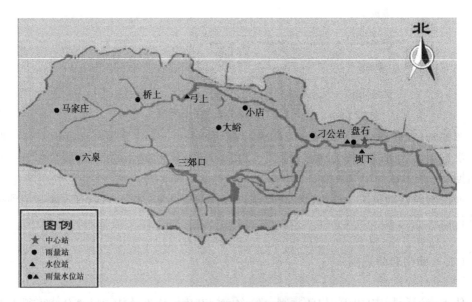

图 3-5　盘石头水库流域

盘石头水库位于卫河支流淇河中游，坝址在鹤壁市西南约 15 km 的盘石头村附近，水库以上集水面积 1 915 km²。该水库是以防洪、工业及城市生活供水为主，兼顾农田灌溉，结合发电等综合利用的大型水利枢纽工程。盘石头水库工程特性见表 3-2。

表 3-2　盘石头水库工程特性

序号及名称	单位	数量	说明
水文			
1. 全流域面积	km²	2 124	淇河流域面积
坝址以上流域面积	km²	1 915	
2. 天然多年平均年径流量	亿 m³	4.41	日历年
坝址（入库）年径流量	亿 m³	3.60	日历年
3. 代表性流量			
多年平均流量	m³/s	11.4	坝址处多年平均流量
实测最大流量	m³/s	5 590	新村站实测最大流量
调查历史最大流量	m³/s	7 080	$F = 2\ 080$ km²，1892 年新村站
正常运用（设计）洪水标准	P（%）	1	
及流量	m³/s	6 650	
非常运用（校核）洪水标准	P（%）	0.5	
及流量	m³/s	15 400	
施工导流标准	P（%）	5	
及流量	m³/s	3 010	
洪量			
实测最大 24 h 洪量	万 m³	23 234	1916 年实测成果
设计洪水 24 h 洪量	万 m³	26 400	100 年一遇
校核洪水 24 h 洪量	万 m³	64 800	2 000 年一遇加 20% 安全修正值

　　按照盘石头水库的设计要求，兴建该水库的任务是：控制淇河洪水，配合坡洼治理及下游河道整治，使得 50 年一遇及其以下各级洪水发生时，楚旺下泄流量应小于允许泄量［遇 10 年一遇洪水，坡洼不滞洪（不含良相坡），卫河楚旺站限洪 2 000 m³/s，超过 10 年一遇坡洼开始滞洪，遇 20 年一遇洪水，楚旺站限洪 2 200 m³/s，遇 30～50 年一遇洪水，楚旺站限洪 2 500 m³/s］，提高淇河及卫河干流的防洪标准，减少坡洼进洪机遇，改善卫河平原洼地排涝条件，减轻下游洪涝灾害，并为鹤壁市工业、城市生活用水及下游灌区提供水源。

二、水库调度基本资料

（一）盘石头水库水位—容积—面积曲线

盘石头水库水位—面积—容积曲线采用 1/10 000 地形图量算所得，如表 3-3 所示。

表 3-3　　水位—库容—面积曲线

水位 （m）	容积 （万 m³）	水位 （m）	容积 （万 m³）	水位 （m）	容积 （万 m³）	水位 （m）	容积 （万 m³）	水位 （m）	面积 （km²）
183	0	227	9 050	245	21 700	263	41 475	183	0
185	85	228	9 600	246	22 600	264	42 750	200	1.2
190	170	229	10 190	247	23 550	265	44 250	210	2.5
200	940	230	10 780	248	24 500	266	45 750	220	4
206	1 800	231	11 390	249	25 475	267	47 275	230	5.9
208	2 250	232	12 000	250	26 450	268	48 800	240	7.8
210	2 730	233	12 625	251	27 400	269	50 430	250	9.9
215	4 175	234	13 250	252	28 350	270	52 060	255	11.25
216	4 500	235	13 925	253	29 425	271	53 680	260	12.6
217	4 850	236	14 600	254	30 500	272	55 300	262.7	13.78
218	5 200	237	15 375	255	31 625	273	56 950	265	14.8
219	5 550	238	16 150	256	32 750	274	58 600	270	16.9
220	5 900	239	16 900	257	33 975	275	60 800	275	20.8
221	6 350	240	17 650	258	35 200	276	63 000	280	23.7
222	6 800	241	18 440	259	36 465	277	65 000		
223	7 250	242	19 230	260	37 730	278	67 000		
224	7 700	243	20 015	261	38 965	279	69 320		
225	8 100	244	20 800	262	40 200	280	71 640		
226	8 500								

由表 3-3 可以看出，卫河（含共渠）淇河口至老观嘴排涝能力仅 250 m³/s，合 3 年

一遇的 25% ，行洪能力 800 m³/s。而老观嘴以下排涝能力为 700 m³/s，行洪能力为 2 000 m³/s，上下游非常不相适应。淇河行洪能力上下悬殊更大（5 000 ～800 m³/s），上大下小，不相适应。

（二）泄洪设施及泄流曲线

盘石头水库 50 年一遇及其以下的常遇洪水由 1# 泄洪洞控泄（特殊情况下，2# 泄洪洞最小控泄流量不小于 400 m³/s）；超过 50 年一遇的洪水 2# 泄洪洞参与泄洪，且两洞均为敞泄，并与左岸非常溢洪道共同宣泄超百年以上洪水。两个泄洪洞都布置在右岸，采用城门洞形无压洞，进口底高 215 m，进口闸室控制段设 6.5 m×6.5 m 的弧形工作钢闸门和 6.5 m×7.8 m 的事故检修平板钢闸门各 1 扇，1# 泄洪洞出口高程 206.7 m，2# 泄洪洞出口高程 177.98 m。非常溢洪道设在左岸，为开敞式低堰，堰顶高程 258.0 m，闸室建 4 孔，每孔净宽 12 m 的弧形闸门，墩顶高程 275.5 m。1#、2# 泄洪洞泄流能力、盘石头水库水位—泄量曲线、设计洪水资料、盘石头水库设计洪水资料等成果参见相关的设计资料。

（三）洪水特性

1. 卫河淇门以上洪水特性

卫河淇门以上 5 天洪量占卫河楚旺以上 5 天洪量的 87%。卫河淇门以上洪水来自共渠淇门以上（集水面积 5 529 km²）、淇河新村以上（集水面积 2 080 km²）、卫河平原三部分。新村以上洪水急猛，洪峰高，实测首大项 5 590 m³/s，次大项 3 380 m³/s，汇流历时 9～12 h；共渠淇门以上洪水，积水面积较大，支流如梳齿状分散汇入，由于处在平原的干流河道窄小，排水不畅，洪水过程坦化而形成峰低量大的洪水过程。共渠黄土岗实测最大洪峰为 1 290 m³/s，仅为新村实测最大洪峰值的 23%，洪峰较淇河新村洪峰滞后 24～36 h；卫河平原积水面积 841 m³/s，干流坡缓槽小，过程平缓，实测最大洪峰仅 260 m³/s，洪峰也较淇河新村洪峰滞后 30～50 h。新村以上与共渠淇门以上两种洪水过程的峰形及汇流历时的差异对有效控制淇河洪水是有益的。

2. 盘石头水库入库洪水特性

本流域处在太行山迎风坡，是暴雨多发区。流域内桥上、南寨、要街、土圈、新村等都出现过暴雨中心，特别是南寨是常见的暴雨中心。本流域大暴雨的成因以台风为主，以西南涡为辅。暴雨的水汽来源是西南和东南洋面。暴雨发生的时间多在 7 月、8 月。暴雨时空分布对本流域峰形影响较大，局部暴雨或暴雨中心出现在下游时往往形成尖瘦的孤峰流量过程；暴雨中心偏在中上游或持续时间较长的暴雨则形成多齿形复峰。由于流域内岩溶比较发育，流量过程尾部比较平缓，特大暴雨以后，洪水过程的退水段甚至对次年年径流也产生影响。

3．现有防洪工程设施及其标准

水库下游防洪工程有淇河堤防、卫河堤防及共产主义渠（作为排泄山区洪水）、淇河口至老观嘴堤防及两岸行滞洪区。共渠、卫河、淇河现有排水能力见表3-4。

表3-4　共渠、卫河、淇河现有排水能力　　　　（单位：m³/s）

河流	河段	排涝能力	行洪能力
共渠	合河—淇河口	80 ~ 100	150 ~ 300
	淇河口—老观嘴	100	400
	合河—淇河口	50 ~ 108	100 ~ 350
卫河	淇河口—老观嘴	130 ~ 150	400
	老观嘴—安阳河口	700	2 000
	安阳河口—徐万仓	1 000	2 500
淇河	石河岸—青龙镇		5 000
	青龙镇—后交卸		3 000
	后交卸—闫庄		1 600
	闫庄以下		800

三、洪水调度原则及防洪运用方式

（一）洪水调度原则

由相关的设计报告，水库的洪水调度方式与流域洪水特性、洪水的时空分布、下游河道安全泄量及整个防洪工程体系的安排有关。根据海河流域规划确定的卫河中游防洪标准和防洪除涝任务及本流域的洪水特性、下游河道安全泄量，按照该水库的设计要求，确定该水库防洪调度原则为：

（1）水库有改善卫河洼地平原排涝的任务，故对本水库的要求是：库水位低于5年一遇洪水位时，进行控泄，使卫河老观嘴断面3年一遇流量小于河道除涝能力700 m³/s。

（2）根据《海河流域综合规划》提出的建库后坡洼防洪标准提高一级的要求，对10年一遇以下洪水，原则上只使用良相坡、共西行洪渠，其他滞洪区不进洪，以此决定 10 年一遇以下洪水的控泄流量。

（3）水库运用与流域汇流特点相适应，避免水库泄洪与干流洪峰遭遇，当水库水位高于 10 年一遇洪水位，低于防洪高水位时，如在退水段，宜维持库水位暂不腾库，待干流洪水消退后再腾空水库，以提高水库的防洪效益。

（4）按照海河流域防洪规划的要求，水库配合河道及坡洼治理使得 50 年一遇以下各种频率洪水发生时，老观嘴下泄流量不大于 2 000 m³/s，楚旺下泄应满足 10 年一遇洪水不大于 2 000 m³/s，20 年一遇洪水不大于 2 200 m³/s，50 年一遇洪水不大于 2 500 m³/s。

（5）洪水调度时，要把盘石头水库、水库至楚旺之间各主要支流及卫河中游滞洪区作为一个防洪系统来考虑。

（二）防洪调度方式

盘石头水库具体调度规则：3～5 年一遇洪水控泄 100 m³/s；5～10 年一遇洪水控泄 400 m³/s；10～50 年一遇洪水控泄 800 m³/s；50 年一遇以上洪水敞泄；10 年一遇以上洪水控制尾水，在退水段控制出流量等于入流量。

起调水位 248 m。

当暴雨中心在盘石头水库上游时：

$H \leqslant 253.93$ m，水库控泄 100 m³/s；

253.93 m $< H \leqslant 257.78$ m，控泄 400 m³/s；

257.78 m $\leqslant H < 270$ m，控泄 800 m³/s；

$H > 270$ m，泄洪洞全开；

$H \geqslant 270$ m 时，泄洪洞、溢洪道敞泄。

当 257.9 m $< H < 270$ m，且在退水段时，控制出流等于入流；

当良相坡滞洪区低于 65.5 m 时，开始腾库。腾库时，控制出流流量等于 800 m³/s；

当暴雨中心不在盘石头水库上游，且 $H < 268$ m 时，若黄土岗洪峰大于 1 200 m³/s（共渠淇门流量 > 1 800 m³/s），水库闭闸错峰。

遇 10 年一遇以上洪水时，控制尾水（当水库洪水进入退水段，库水位升至最高值时，按来量下泄，避免一水多淹）。

（三）兴利调度方式

水库为不完全多年调节，计算时段为旬，7 月初到 8 月末定为汛期，9 月初到次年 6 月为非汛期。库水位在非汛期不得超过正常蓄水位；当库水位降至农灌限制水位时，停止农业供水，农业用水允许破坏，只供工业及城市用水。当库水位降至死水位时，工业用水允许破坏。

　　盘石头水库具体调度规则，以卫河中游防洪工程体系模拟模型为依据，见图 3-6。

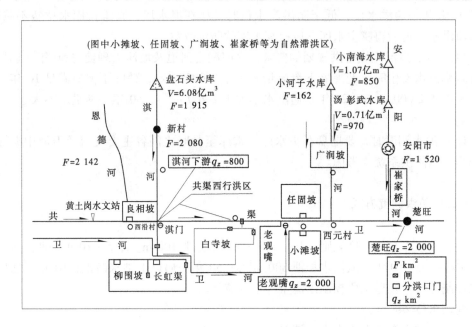

图 3-6　卫河中游防洪工程体系模拟模型

第四节　盘石头水库洪水调度系统的开发

一、系统的开发目标与原则

　　水库洪水调度系统结构、数据库、功能、界面、编程语言、操作系统与运行环境等标准应与《国家防汛指挥系统工程》设计开发要求相一致。技术要求应满足《水电工程水情自动测报系统技术规范》（NB/T 35003—2013）、《水文自动测报系统技术规范》（SL 61—2015）等规范要求。

　　考虑到系统实际运用中诸多影响因素，如：①用户多为工程技术人员或行政管理人员，对计算机知识知之不多或不能熟练操作；②受到洪水预报精度及其预见期限制；③水库基本资料在实际运用中随时间的推移而发生变化，如水库淤积的影响；④当前洪水调度的行政和技术管理水平制约；⑤将来考虑整个流域的水情测报或调度新技术的运用后，系统的升级使用等。

二、洪水调度系统的组成及结构

（一）系统组成

水库实时洪水调度系统由人机交互界面、调度模型库和系统数据库组成。系统组成如图 3-7 所示。

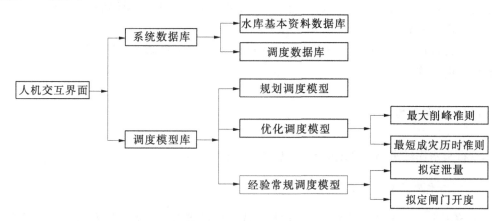

图 3-7　盘石头水库调度系统组成

数据库为调度计算提供基本数据资料，计算最终结果也保存其中。水库基本资料数据库包括库容曲线、泄流曲线、尾水位曲线及洪水统计参数表等；调度数据库包括预报入库流量过程、设计洪水过程、调度规则表及调度结果表等。

调度模型库是系统的计算部分，也是整个软件的核心。

由于规则调度模型的安全可靠性，可作为考核预报调度模型效果的基础方案。

基于盘石头水库在卫河流域治理中的特殊任务（兼顾排涝、防洪和下游错峰要求），结合盘石头水库的具体情况，考虑预报误差，以预报期内入库洪水总量作为洪水判别条件，对优化调度过程分析如下（由于缺少统计资料，对第三种优化准则，即最小洪灾损失或最小防洪费用准则，暂不考虑）：

（1）如果预报期内入库洪量小于水库允许蓄量（$W_允 = V_末 - V_初$），则可按最大供水量均匀供水，水库不弃水。

（2）如果入库洪量大于水库允许蓄量，小于调度期内按水库排涝能力下泄的洪量 $\left[排涝洪量 \ W_涝 = \sum_{t=1}^{n} \left(R_涝 - Q_区 \right) \times \Delta t + W_允 \right]$，为能预留出一定防洪库容以调蓄后期可能的更大洪水，同时避免水库超泄，当后期来水不足时，水库蓄量不够，影响兴利，按最大削峰准则调度，调度期水库均匀下泄。

（3）如果入库洪量大于水库的排涝洪量，小于调度期内按水库防洪能力下泄的洪

量 [防洪洪量 $W_洪 = \sum_{t=1}^{n} (R_洪 - Q_区) \times \Delta t + W_允$]，调度期分两种情况考虑：①两岸行滞洪区不开启，调度过程按下游排涝能力泄流，如果调度最高水位大于防洪限制水位，应予以舍弃，重新更换调度方案。②两岸滞洪区开启，可分别按最大削峰准则或最短成灾历时准则进行调度。

（4）如果入库洪量大于水库的防洪洪量，小于防洪洪量与防洪库容之和，调度期应按下游防洪能力排泄洪水。

（5）如果入库洪量大于水库的防洪洪量与防洪库容之和，为保证大坝安全，下游行滞洪区应进行滞洪，则按最短成灾历时准则，使滞洪区洪水淹没历时最短。调度初，按下游防洪能力泄洪，当水库水位达到防洪高水位时，打开 2# 泄洪洞和非常溢洪道敞泄，直到泄完超载洪量。

经验常规调度模型则是以规则调度模型和优化调度模型调度结果为依据，结合人为经验调度的方式。

（二）系统开发

盘石头水库洪水调度系统的开发包括以下内容。

1. 建立水库洪水调度数据库

用 SQL Server 建立数据库，其中包括水库、电站等特征参数，如库容曲线、下游水位—流量关系曲线及水库—泄量关系曲线等，水情自动测报系统传输的信息、资料，洪水预报系统传送的预报成果，洪水调度的结果等。

2. 建立水库洪水调度模型库

根据不同要求，选取不同目标，建立多个数学模型，并分析推导适宜的模型求解方法，用于水库洪水过程的调节计算，进行洪水优化调度，通过计算机软件编制相应程序模块，计算得水库洪水实时调度策略。通过数学模型分析求解，同时密切结合生产实际要求，科学、合理地拟订闸门启闭方案。

3. 人机界面

通过水库调度计算，在界面输出次洪的洪峰流量、洪峰频率、水库水量的变化、洪量频率，并可打印输出水库调洪成果统计表，以及绘制和打印输出入库流量过程线图、库水位过程线图、水库入流与出流的过程线比较图，并标明水库最大入流和最大出流，最高库水位与相应的出现时间，最终库水位等调度特征值。

系统运行于 Windows 2000 中文操作系统之上，由菜单栏、工作区、状态栏等组成，界面如图 3-8 所示。

菜单栏包括洪水调度、洪水调度模型、帮助、退出四个一级菜单。洪水调度菜单用于选择洪水调度类型，包括实时洪水调度（默认）和设计洪水调度；洪水调度模型菜

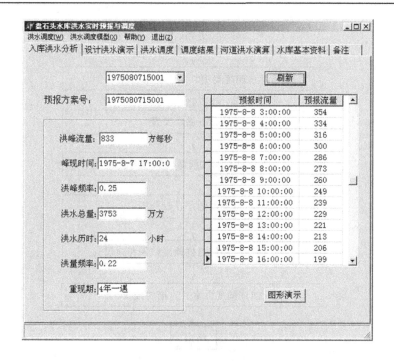

图 3-8　洪水调度软件界面

单用于选择调度模型，包括规则调度模型、优化调度模型（最大削峰准则、最短成灾历时准则）、经验常规调度模型（拟定泄量、拟定闸门开度）及决策调度模型等；帮助菜单提供调度帮助文本；退出菜单用于程序的退出。

工作区包括：

（1）入库洪水分析。通过数据库接口对实时洪水预报子系统预报的入库洪水统计洪水要素进行实时分析，并用图形演示入库洪水过程。

（2）设计洪水演示。对设计洪水进行统计分析，并用图形演示其过程。

（3）洪水调度。对调度初始条件、约束条件、泄流设施的开启状况进行设定，并执行调度命令。其中，经验常规调度模型可人为给定 $1^{\#}$ 闸门开度或水库预报期各时段泄量。

（4）调度结果。用表格或图形的形式直观地演示调度过程，统计调度特征值，并对调度结果进行存盘打印。

（5）河道洪水演算。采用马斯京根法，将盘石头水库至淇门河段划分为若干段，进行河道洪水演算，将盘石头水库出库洪水演算至淇门断面。

（6）水库基本资料。对水库调度基本资料进行查询和编辑等操作。

（三）系统操作流程

一次洪水预报调度操作流程如图 3-9 所示。

据前向卷动决策方法，调度一场洪水就是由若干次类似以上的调度决策完成的。

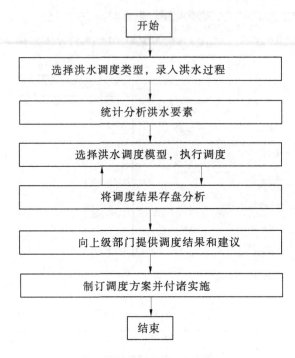

图 3-9　一次洪水预报调度操作流程

在防洪调度过程中，通过防洪调度软件的运行，人机对话方式的交互计算、决策，水情调度人员可在各种输出调度方案中，依有关部门的指示意见和自己的实际经验，方便地进行洪水调度。

三、模拟计算结果及分析

由于盘石头属于新建水库，本系统的开发利用洪水调度模型对 50 年一遇（63 年，常遇洪水选用典型；56 年，非常遇洪水选用典型）设计洪水进行模拟调度。

50 年一遇（63 年）设计洪水历时 240 h，分 120 个时段，每时段为 2 h，洪峰流量 4 960 m³/s，洪水总量 6.061 3 亿 m³；50 年一遇（56 年）设计洪水历时 168 h，分 84 个时段，每时段为 2 h，洪峰流量 4 960 m³/s，洪水总量 5.557 6 亿 m³。其具体洪水过程参见第二章及相关的内容。

盘石头至淇门洪水传播时间约 10 h，黄土岗至淇门洪水传播时间也约为 10 h，且峰现时间比盘石头滞后 24～36 h。调度计算中只考虑黄土岗洪水过程的位移变化，忽略坦化影响，且面临时段后预报期内黄土岗流量按常值处理。给定调度初始状态及水库约束条件（见图 3-10，洪水调度界面），分别利用洪水调度模型（规则调度模型，优化调度模型：最大削峰准则（非线性规划法和 POA 算法）、最短成灾历时准则）对设计洪水进行调度，其中 POA 算法的初始调度线采用非线性规划法依最大削峰准则所求得的洪水调度结果。

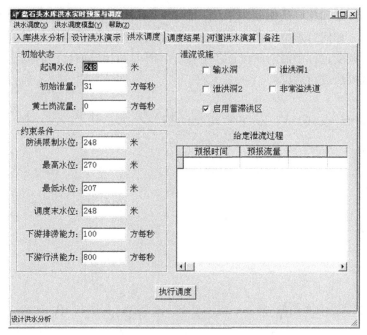

图 3-10　洪水调度界面

（一）调度结果

水库优化调度结果见图 3-11、图 3-12。

（二）调度结果分析

对调度结果进行对比分析，可得出以下结论：

（1）四种调度模型都是在考虑水库防洪安全的前提下进行调度，以规则调度模型作为考核预报调度模型效果的基础方案。洪水过程采用还原的盘石头水库设计入库洪水过程，调度结果偏于安全。

（2）在四种调度模型中，规则调度模型由于没有考虑洪水预报或降雨预报，所需调洪库容最大，63 年为 4.988 7 亿 m^3，56 年为 5.243 2 亿 m^3；最短成灾历时准则调度模型次之，63 年为 3.960 2 亿 m^3，56 年为 3.355 0 亿 m^3；最大削峰准则调度模型所需调洪库容最小，63 年为 3.672 3（3.673 4）亿 m^3，56 年为 3.355 0（3.3511）亿 m^3（括号内为 POA 算法计算结果）。

（3）最大削峰准则调度模型泄流过程均匀，闸门启闭平稳，但该调度模型未能充分考虑下游的排涝能力，不能分级控泄，当发生较大洪水时，如按此模型下泄，可能会人为加大下游涝灾损失。

当调度末水位一定时，用非线性规划法和 POA 算法调度结果近似。非线性规划法充分考虑了不同频率入库洪水的水库安全，计算原理清晰、过程简单，能根据预报洪水及时给出调度方案和相应的调度末水位；而 POA 算法需预先拟定初始调度线，当发生超标准洪水时，如何合理拟定调度末水位，给定初始调度线，需调用其他调度模型进行计算分析，且调度过程中需两阶段逐步寻优，计算时间相应加长，因此建议在实际调度中用非线性规划法进行调度。

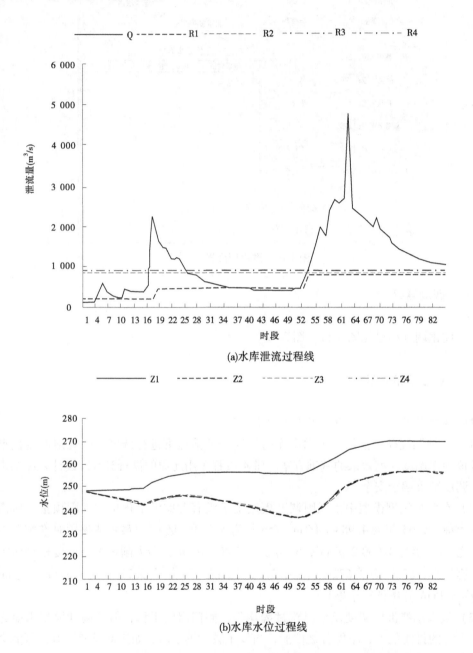

(a)水库泄流过程线

(b)水库水位过程线

1—规则调度模型；2—最大削峰准则（非线性规划法）调度模型；
3—最大削峰准则（POA 算法）调度模型；4—最短成灾历时准则调度模型

图 3-11　50 年一遇（56 年）设计洪水调度模型结果对照

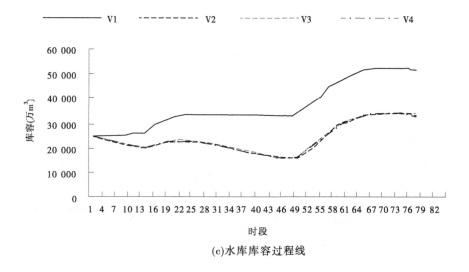

(c)水库库容过程线

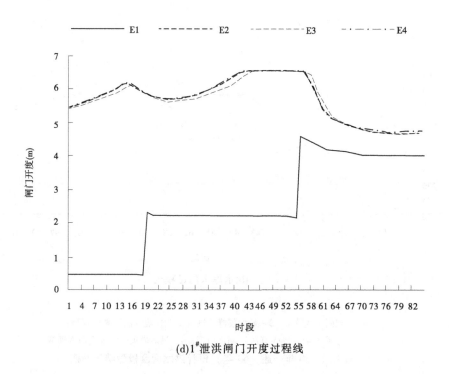

(d)1#泄洪闸门开度过程线

续图 3-11

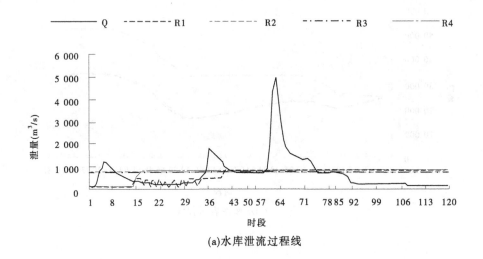

(a)水库泄流过程线

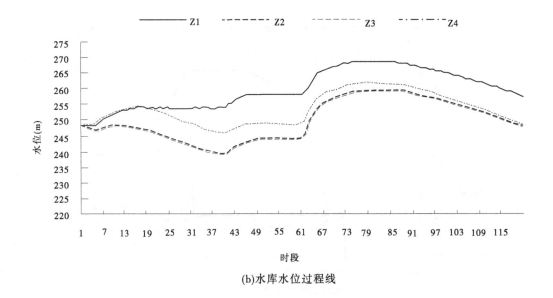

(b)水库水位过程线

1—规则调度模型；2—最大削峰准则（非线性规划法）调度模型；

3—最大削峰准则（POA 算法）调度模型；4—最短成灾历时准则调度模型

图 3-12　50 年一遇（63 年）设计洪水调度模型结果对照

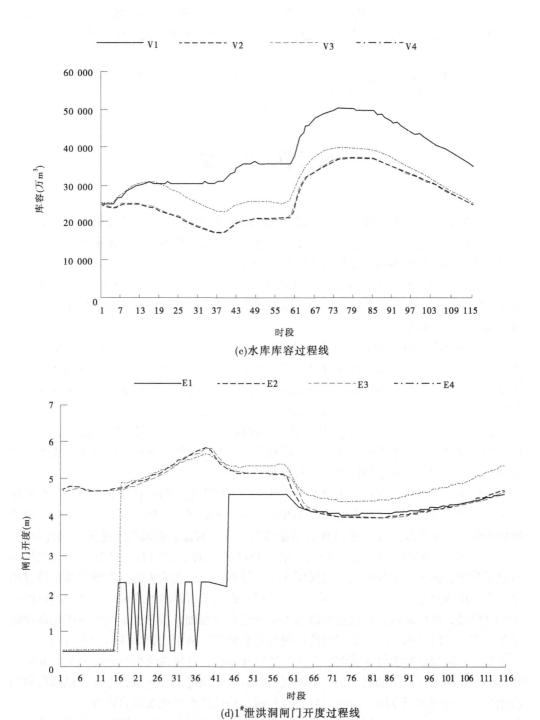

(c)水库库容过程线

(d)1#泄洪洞闸门开度过程线

续图 3-12

（4）最短成灾历时准则调度模型考虑了下游的排涝能力和防洪能力，属于分级调度，在实时调度中，可依洪水过程逐时段给定排涝能力和防洪能力，避免闸门突然开启。

50年一遇（56年）设计洪水调度模型结果对照见图3-11，50年一遇（63年）设计洪水调度模型结果对照见图3-12。

第五节　小　结

书中针对盘石头水库具体工程情况和流域水文情况，结合盘石头水库雨、水情实时信息子系统和实时洪水预报子系统，建立了适合盘石头水库的实时洪水调度模型库，开发出界面友好、交互性强、操作简便的洪水调度系统。

（1）系统对洪水预报系统预报的入库洪水进行分析，统计其洪水特性，包括洪峰流量、洪水总量、洪水频率等。其中，洪水频率综合考虑了洪峰频率和洪量频率，并以重现期的形式直观地展示给用户。

（2）在用数值计算拟合水库特性曲线的基础上，进行调洪演算。通过对水位—库容—泄量关系的分析，确定计算时段步长，可克服调洪演算中洪水流量过程 $Q(t)$ 和水库蓄泄关系 $R(V)$ 非解析性的特点。该法适用于多泄流设备、变泄流方式、变计算时段等复杂情况下的调洪计算，可为水库洪水实时调度提供技术依据。

（3）在满足大坝安全的前提下，建立多种满足生产实际和调度需要的单库洪水调度模型，包括规则调度模型、最大削峰准则调度模型、最短成灾历时准则调度模型、经验常规调度模型等，并用最优化方法对模型进行求解。

规则调度模型作为考核预报调度模型效果的基础方案，结果较可靠，通过数据库接口可对洪水调度规则进行简单修改，如改变泄流方式的某些判断指标；最大削峰准则调度模型分别采用非线性规划法和POA算法进行优化，对二者的调度结果进行对比分析，当调度末水位一定时，两种结果相近，鉴于POA算法计算时间长，且对调度末水位不能灵活确定，因此在实际调度中建议用非线性规划法；最短成灾历时准则实质上是以预报期内入库洪水总量作为洪水判别的调度依据，根据下游排涝能力和防洪能力进行的分级调度模型；经验常规调度模型是以前人工作经验为基础，参考规则调度或优化调度的结果，拟定各时段的出库流量或泄流设施的开启状况，从中选择最优的调度方式。

通过调度模型库实时生成调度方案，经对比分析，选出最优可行调度方案，并将分析结果反馈给上级防汛部门，供决策调度参考；水库调度人员在执行上级防汛部门的调度指令时，对调度指令所产生的后果进行分析，确认指令性调度的合理性。

（4）调度系统具有较好的开放性，用户可修改水库的基本特性资料，如水库水位—库容关系曲线、水位—泄量关系曲线、洪水特性统计参数等。洪水调度不但可以对实时预报洪水进行洪水调度，还可以对历史洪水、典型与设计洪水进行洪水调度模拟。根据盘石头水库闸门启闭规则，用0.618法求得相应泄量下 1# 泄洪洞闸门的近似开度，供闸门监测自动化系统决策参考。

（5）由于在防洪过程中的人为因素十分重要，某些不利的后果在提前知道的情况下，可以通过采取相应的补救措施加以解决（例如，考虑洪水预报及降雨趋势预报，若洪水退水阶段的实时水位高于汛限水位，预报来水量较少且近期无降雨过程，则可减缓库水位的下降速度，根据泄流能力，保证下一次洪水来临时，将库水位降至汛限水位，称预蓄预泄），为满足不同情况的要求，可在以上模型调度结果的基础上进行交互式水库调度。

参 考 文 献

[1] 陈惠源，陈森林，高似春. 水库防洪调度问题探讨 [J]. 武汉水利电力大学学报，1998 (1)：42-45.

[2] 邵东国，夏军，孙志强. 多目标综合利用水库实时优化调度模型研究 [J]. 水电能源科学，1998 (4)：7-11.

[3] 姜铁兵，梁斌，康玲，等. 洪水优化调度模型及其应用研究 [J]. 水力发电，1999 (2)：7-10.

[4] 卢华友，沈佩君，邵东国，等. 跨流域调水工程实时优化调度模型研究 [J]. 武汉水利电力大学学报，1992 (5)：11-15.

[5] 邓程林. 辽宁省省管大型水库优化调度的有关措施 [J]. 人民长江，1999 (2)：51-53.

[6] 程春田，王本德，李成林，等. 白山、丰满水库群实时洪水联合调度系统设计与开发 [J]. 水科学进展，1998 (1)：29-34.

[7] 畅建霞，黄强，王义民，等. 水电站水库优化调度几种方法的探讨 [J]. 水电能源科学，2000 (3)：19-22.

[8] Chen Sen – lin, et al. Demarcation Iterative Algorithm for Equation Group of Reservoir Operation [J]. International Journal Hydroelectric energy, 2001 (5)：84-86.

[9] Windsor J S. Optimization Model for the Operation of Flood Control Systems [J]. Water Resource. Res. 1973, 9 (5)：1219-1226.

[10] Howson H R, et al. New Algorithm for the Solution of Multi – state Dynamic Programming Problems [J]. Math Program, 1975, 8：104-116.

[11] Turgeon A. Optimal Short – term Hydro Scheduling from the Principle of Progressive Optimality [J]. Water Resource Res, 1981 (3)：17-22.

[12] Marino M A. Dynamic Modal for Multi – reservoir Operation [J]. Water Resources Res. , 1985, 21 (5)：11-16.

[13] Lyra C, et al. A Contribution of Reservoirs for Electric Generation [J]. IEEE, 1991 (3)：27-33

[14] Loucks D P. Developing and Implementing Decision Support System：A Critique and A Challenge [J]. Water Resources Bulletin, 1995 (4)：31.

[15] 郭生练. 水库调度综合自动化系统 [M]. 武汉：武汉水利电力大学出版社，2000.

[16] 王义民. 安康水库洪水调度系统的研究与开发 [D]. 西安：西安理工大学，2001.

[17] 钟平安，陈金水，陈维惠，等. 实时水库优化调度决策支持系统及其应用 [J].

水利水电技术, 1994 (12): 2-7.

[18] 邱林, 陈守煜. 水电站水库实时优化调度模型及其应用 [J]. 水利学报, 1997 (3): 74-77.

[19] 邱林. 水电站实时优化调度模型及其应用 [J]. 华北水利水电学院学报, 1994 (2): 31-35.

[20] 武全胜. 浅论水库防洪实时调度信息决策系统 [J]. 山西水利, 1999 (4): 14-15.

[21] 曹雁萍, 沈菊琴, 胡维松, 等. 水库 (群) 实时调度智能决策支持系统总体设计 [J]. 南京航空航天大学学报, 1994 (2): 47-53.

[22] 谢崇宝, 袁宏源. 水库实时优化调度模糊随机模型 [J]. 水电能源科学, 1994 (2): 194-199.

[23] 李智录. 水库实时调度的研究, 西安理工大学学报 [J]. 1996 (3): 232-237.

[24] Wasimi S A, et al. Real - time Forecasting and Daily Operation of Multi - reservoir System during Floods by Linear Quadratic Gaussian Control [J]. Water Resource. Res., 1983, 19 (6): 1511-1522.

[25] 长江水利委员会. 水文预报方法 [M]. 2 版. 北京: 水利电力出版社, 1993.

[26] 庄一鸽, 林三益. 水文预报 [M]. 北京: 水利电力出版社, 1986.

[27] 赵人俊. 流域水文模拟——新安江模型与陕北模型 [M]. 北京: 水利水电出版社, 1984.

[28] 李科国. P-Ⅲ型频率曲线分析计算软件介绍 [J]. 云南水力发电, 1997 (4): 6-11.

[29] 张杨波. P-Ⅲ频率曲线离均系数 ϕP 的一种简易求解方法 [J]. 甘肃水利水电技术, 2002 (4): 267-268.

[30] 王建刚, 刘亚萍. P-Ⅲ型分布 ϕ 值数值计算方法比较 [J]. 山西水利科技, 1996 (12): 31-37.

第四章 山西省册田水库水信息管理中心系统的开发

册田水库位于山西省大同县西册田乡。它横截桑干河水，东西长 30 km，下游为乌龙峡，长约 10 km，水库属海河流域永定河水系，距大同市 60 km。坝址以上控制流域面积 16 700 km² 水库始建于 1958 年 3 月，1960 年拦洪。总库容 5.8 亿 m³，其中：死库容 3.6 亿 m³，调洪库容 1.63 亿 m³，现坝前淤积高程 944.2 m。设计标准为 100 年一遇，校核标准为 2 000 年一遇，下游河道为 20 年一遇，设计汛限水位 956 m，是一座工业与城市用水、防洪、灌溉及养鱼综合利用、多年调节的大（2）型水库。水库的观测项目有浸润线、坝基扬压力、大坝绕渗、沉陷及水平位移、防渗墙应力应变观测等。水库自 1995 年高水位运行以来，清泉洞渗流量稳定为 29 L/s，坝体浸润线及渗水正常。主坝下游渗流量为 26 L/s，主坝实测浸润线低于设计浸润线。水库曾拦蓄 1967 年 8 月 6 日一次最大洪水，入库洪峰 2 850 m³/s，相当频率 10%。水库运行 30 多年以来，已淤积 2.17 亿 m³，为减轻官厅水库的淤积和京津地区的防洪安全起到了显著作用。

建立与水利工程地位相适应、能有效地促进水利工程可持续发展的信息化体系是非常必要的。水利信息化是一个跨学科、跨专业的新型研究课题，主要涉及水利、信息、控制、计算机及自动化专业领域的基础知识和应用。实现目标是利用先进实用的计算机网络技术、水情自动测报技术、自动化监控监测技术、视频监视技术、大坝安全监测技术，实现对水利工程的实时监控、监视和监测、管理，基本达到"无人值班，少人值守"的管理水平。系统通常划分为水情自动测报系统、闸门监控、视频监视、大坝安全监测等子系统，以信息管理中心处为中心的若干子系统组成局域网系统，各子系统既能相互独立运行，又能相互通信，交换信息联合运行。

第一节 开发水信息管理中心的原则及范围

以山西省册田水库综合自动化的建设为例说明：册田水库综合自动化的建设是一个综合性的工程，集多方面的综合信息为一体，需要山西省水利厅、山西省水文资源勘测局、大同市水利局、山西省生态环境厅、山西省气象局和当地政府等单位提供相关的各类信息，作为信息化的支撑。同时，信息化工程的建设也将为大同市水利局、山西省水利厅等单位提供丰富的防汛减灾信息，并充分利用与水库信息化有关单位提供的信息设施、信息产品、信息服务，积极为其他单位的信息系统建设提供信息服务。册田水库综合自动化工程开发建设范围如图 4-1 所示。

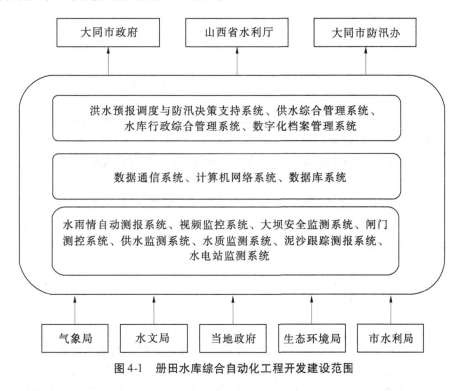

图 4-1　册田水库综合自动化工程开发建设范围

第二节　信息管理中心的功能结构

一、实现目标

具体的方法为利用宽带网络、无线网络、Web、GIS、数据存储、信息服务等前瞻技术，建立先进的综合自动化工程体系，为水利管理各项工作的现代化进程提供先进的技术手段。具体目标如下：

（1）建成覆盖整个流域的通信网络和水库计算机网络系统，保障水雨情信息采集、水库工情采集和洪水预报和防汛调度系统功能的实现，为水信息的共享和管理提供技术支持。以保障防汛指挥命令的迅速下达、重要汛情及时上报，提高防洪效益。

（2）该系统的建设进一步提高了洪水预报的精度，对洪水风险进行分析，优化水资源调度方案，减少下游灾区的经济损失，提高水资源的利用率，实现洪水管理。

（3）通过建设水库大坝安全监测系统，及时发现和排除工程隐患，以保障水库工程的安全稳定运行。

（4）通过建设水库视频监视系统，加强水库的安全保卫工作，以保护单位的设备和个人财产免受损失。

（5）通过建设泄洪排沙洞和溢洪道的闸门远程自动控制系统，提高水库工程运行管理的自动化水平。

（6）通过对水电站监控系统的改造，进一步提高水库发电站运行管理的自动化水平。

（7）通过建设水质自动监测系统，可以对水库入库口、取水口和库区水质进行实时的监测管理，以保障供水的质量。

（8）建设符合国家水利数据库建设标准和规范的水库综合数据库平台，便于数据交换、数据共享，并提高数据分析的能力。

（9）以系统工程、信息工程、决策支持工程等开发技术为手段，建立一个能为省、市和水利工程管理局领导提供防汛指挥、决策支持的系统，使各级防汛指挥机构的工作效率、质量、效益和水平得到明显提高。

二、开发内容和任务

信息化工程根据信息的采集、传输、处理、分析等流程，其基本任务有：信息采集系统、网络通信系统、综合数据库系统、业务应用系统、大屏幕拼接墙显示系统建设及与外部相关系统的接口功能，围绕水工程的重要业务应用，建立和完善信息化综合体系。

（一）信息采集系统

利用先进的技术手段开发建设信息采集系统，以形成综合信息采集系统，并提高系统整体效率为主要内容。信息采集系统主要有水雨情自动测报系统、大坝安全监测系统、视频监控系统、水电站监控系统、闸门测控系统、供水自动监测系统、水质监测系统和泥沙跟踪测报系统，形成从微观到宏观多层次协同作业、结构相对完备的综合信息采集体系。

（二）网络通信系统

利用 GSM、超短波、光纤、PSTN 等手段，建成连接水库各水雨情测报站、视频监控点、大坝安全监测点、水电站监控系统、闸门测控点、供水监测点、水质监测站的数据通信网络系统，建成连接水库办公区、各业务行政科室和外部上级相关水利部门的计算机网和水库管理局信息中心，为水库业务应用提供数据交换、视频信息传输、语音通信和因特网等服务。

（三）综合数据库系统

综合数据库系统在水库信息汇集、存储、处理和服务的过程中发挥核心作用，是构成完整水工程信息化体系的重要基础部分。通过综合数据库平台的建设，实现信息资源的共享和优化配置，满足业务应用多层次、多目标的综合信息服务需求。

综合数据库系统是信息管理系统的信息支撑层，存储和管理各应用子系统所需的公共数据，为应用子系统提供支持服务。同时，各应用子系统间数据交换的主要方式之一也主要是通过综合数据库进行的。综合数据库划分为以下几个数据库：实时水雨情库、工情信息库、图形库、动态影像库、超文本库。

（四）业务应用系统

业务应用系统依托于信息采集、通信和计算机网络及综合数据库平台等水利信息基础设施，业务应用系统的主要内容有防汛决策支持系统（包括水文气象预报子系统、汛情监视子系统、洪水预报子系统、洪水调度仿真子系统、洪水风险分析子系统、灾情评估子系统、人力物资调度子系统、防汛会商子系统、水库优化调度子系统）、水库大坝安全评价系统、水电站监控系统、供水综合管理系统、水库行政综合管理系统（包括管理局办公自动化系统、财务管理系统、人事管理子系统、物资管理子系统、工程管理子系统、管理局因特网站子系统、水库信息服务子系统）、数字化档案管理系统（包括数字化档案子系统、图书管理子系统、文献资料检索子系统）、应用系统整合等软件系统。

（五）大屏幕拼接墙显示系统

建设大屏幕显示系统，主要实现对监控视频信号的集中管理、存储和综合利用。能够接入视频信号，并实现集中控制切换至显示系统。大屏幕拼接墙显示系统作为一种群体决策的重要方式，也是对水工程进行各种重大决策的主要方式。所以，提供良好的会商环境也是信息化建设进一步提高的表现。

（六）与外部相关系统的接口功能

主要包括与其他专业系统如视频图像监控系统、水情自动测报系统、水质自动监测系统、大坝安全监测系统和闸门自动监测系统的接口，与水文部门、气象部门及上级防汛指挥系统的接口等。

第三节　信息管理中心结构设计

一、信息管理中心结构

在水工程信息管理中心内部，主要建设会商系统和软件系统两个部分。会商系统主要包括中心的网络、中控系统、会议系统和基础设施。软件系统主要包括综合数据库和信息服务系统，中心的软件可以分为三个层次：数据层、应用层和人机交互层。数据层负责将应用系统涉及的所有数据收集到数据库中进行存储，并向各种应用层面快速提供相关的数据；应用层是整个软件系统的核心，它以业务应用为目标，通过数据层的数据支持，将业务应用生成业务应用逻辑；在应用层之上是人机交互层，人机交互层提供人机交互界面，人机交互界面主要包括基于浏览器的交互和基于客户端软件下的交互。人机交互层通过向会商系统提供 RGB 信号实现与会商系统的集成、整合。

信息管理中心需要提供与其他专业系统（主要有视频监控系统、水质监测系统、水情自动测报系统、大坝安全监测系统和闸门自动监测系统）的接口，上述系统的数据将通过相应数据接口传输到综合数据库进行统一保存。在应用层，各专业系统软件要按照中心软件提供的标准进行开发，以便与应用方面整合。在交互层，各专业系统通过向会商系统提供 RGB 信号实现与会商系统的集成。

在整个系统的外部，信息管理中心须和上级防汛指挥系统、气象部门及水文部门进行交互。信息管理中心需要建立相应的数据接口接收气象部门提供的相关的气象信息、水文部门提供的相关的水文信息，以及上级防汛指挥系统向信息管理中心下达的调度指令。图 4-2 为系统总体结构。

二、信息管理中心总体结构功能

（一）信息采集层

信息采集层是水库信息化系统所有信息的来源，这些信息的获得需要通过不同采集方法和措施，这些获得信息的手段和措施以及相应的系统就组成了采集层。采集层采集的信息主要有水雨情、闸位、流量、图像、工情、水质、含沙量等信息。信息采集层由以下系统组成。

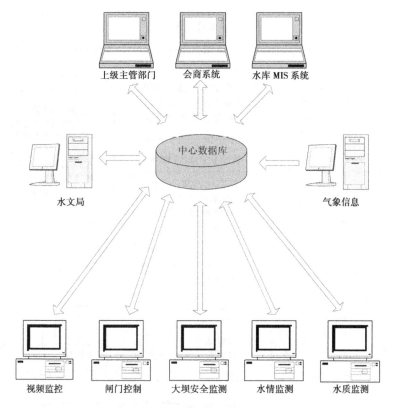

图 4-2　系统总体结构

1．水雨情自动测报系统

水雨情自动测报系统主要完成对水库流域和库区雨量站的降雨量、蒸发量等数据的自动采集和数据管理，以便管理人员可以随时掌握上游的来水状况，并作为洪水预报和防洪调度的依据。所采集的数据可以以 GIS、图表等多种表现形式供网络用户查询。

2．视频监控系统

视频监控系统主要完成对管理局的办公区、水库大坝的全天候视频图像监控，使水库管理人员在监控中心就能随时了解到管理局办公区的人员来往情况、安全情况，便于水库管理局的日常安全管理，也可以了解大坝上过往行人的状况、闸门的运行状况，以及坝前坝后的安全状况。

系统体系结构功能见图 4-3。

3．大坝安全监测系统

大坝安全监测系统主要对大坝浸润线、渗流监测和数据分析软件的实现提供平台，以提高大坝工程安全监测的时效性、可靠性和自动化水平。

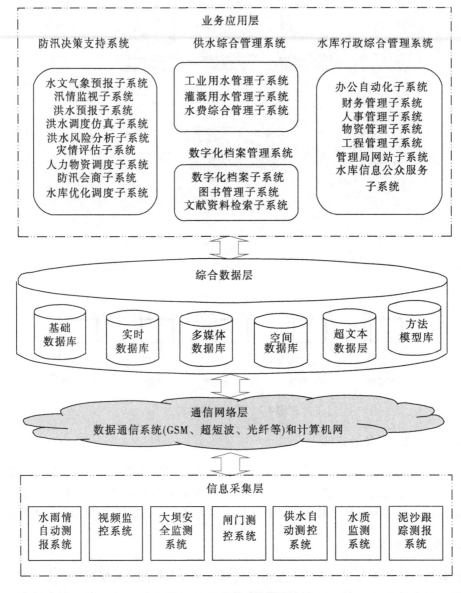

图 4-3　系统体系结构功能

4. 闸门测控系统

闸门测控系统主要完成对水库的泄洪洞和溢洪道闸门的远程自动控制，通过计算机监控系统达到闸门水位、闸门工情信息采集与传输，达到能够在监控中心进行远程控制闸门启闭及闸门自动控制；结合视频监控系统，可以直观了解水闸的运行工况及周围环境，以实现无人值守和闸门自动化控制。

5. 供水自动测控系统

供水自动测控系统主要完成水库对工业供水及农业灌溉用水情况的监测，供水是水库经济效益的主要来源，通过对水库用水单位现状的分析研究，对水量计量系统进行建设。

6. 水质监测系统

水质监测系统主要完成入库点和库区取水口处的自动监测和实验室化验分析，系统采用自动监测仪器法和实验室实验分析法对水质的 20 多项指标进行监测和分析，为库区的水环境、净化水质提供科学依据，杜绝乱排污水，对排污单位进行监督和管理。

7. 泥沙跟踪测报系统

泥沙跟踪测报系统主要完成对水库的淤积和排沙进行测报，根据对入库站的含沙量和水库含沙量的自动监测，自动预测泥沙的变化规律，对排沙提供依据和方法。

（二）通信网络层

通信网络层是信息化数据传输交流的基础，是数据传输的介质，包括数据通信部分和计算机网络部分。数据通信部分主要是对所有采集的数据进行传输的基础，采用 GSM、超短波、光纤等多种传输方式。计算机网络部分主要是对水库管理局内部和外部的网络建设，包括内部办公和外部交流网络。

通信网络层主要由以下系统组成。

1. 数据通信系统

采集的数据通过远程有线或无线等通信方式进行传输，采集系统中水雨情自动测报系统通信方式依据设计确定的方式，视频监控系统通信方式采用光纤传输，大坝安全监测系统通信方式采用有线电缆和光纤传输，闸门测控系统通信方式采用光纤传输，供水自动测控系统主要采用人工抄表方式，水质监测系统通信方式一般采用 GSM 传输。

2. 计算机网络系统

计算机网络系统主要包括水库管理局内部网络和外部网络的建设，它将极大地提高内部各部门的数据共享、信息交流和管理局与各上级单位的信息沟通，以及对外界的信息沟通能力。该系统具体包括管理局信息中心网络系统、管理局办公区网络系统、管理局防汛会商室网络系统、管理局与上级水利单位的网络系统，以及管理局对外 Internet 网络系统。

（三）综合数据层

水库信息化系统的建设需要建立一个公用、统一的数据存取平台，它是整个信息化系统数据存取的基础，由多个相对独立又互有关系的数据库组成，主要包括基础数据库、实时数据库、多媒体数据库、超文本数据库和方法模型库等。综合数据层专门针对数据进行有效的管理和访问，可以有效地保护系统重要的资源数据库，也解决了系统中数据资源多样化及异种数据库系统之间的交互问题。

（四）业务应用层

业务应用层主要完成洪水预报、水库调度、防汛决策、用水管理、行政办公、日常管理等业务数据分析、处理、表现等功能，是水库调度、决策、指挥的过程，业务应用层主要由以下系统组成。

1. 防汛决策支持系统

1）水文气象预报子系统

水文气象预报子系统主要对库区水资源的时空分布进行预报，为水资源的合理利用和优化调配提供基本依据。根据前期和现时的水文、气象等要素，对洪水的发生和变化过程做出定量、定时的科学预测，为水库调度提供依据。主要预报项目有最高洪峰水位或流量、洪峰出现时间、洪水涨落过程、洪水总量等。

2）汛情监视子系统

汛情监视子系统主要提供对库区汛情信息多种形式的显示、查询功能，提供基于整个库区上下游电子地图的水雨情和工情查询，从不同的区域、不同的时间对水雨情信息进行查询，提供表格化和图形化的数据，并进行比较分析。

3）洪水预报子系统

洪水预报子系统主要是根据采集的实时雨量、蒸发量、水位等资料，对未来将发生的洪水做出洪水总量、洪峰发生时间、洪水发生过程等情况的预测，并通过采用水文学、水力学、河流动力学及 GIS 系统的有机结合，建立洪水预报数学模型，实现洪水预报的动态仿真。

4）洪水调度仿真子系统

洪水调度仿真子系统主要依据实时雨、水、工情信息和预报成果，采用调度模型，自动模拟仿真，生成调度预案，制订实时调度方案，进行方案仿真、评价和优选，并且具有汛情分析、信息查询、报告编制、系统管理等辅助功能。

5）洪水风险分析子系统

洪水风险分析子系统主要根据采集的实时水雨情数据对洪水风险进行预测和分析，以及对险情影响的区域和后果进行预测，对洪水淹没区域和淹没程度的分析以图表分析和 GIS 分析为主。

6）灾情评估子系统

灾情评估子系统主要对洪水淹没区的灾前预评估、灾中实时监测评估和灾后评估进行管理，系统主要采用洪水调度仿真、GIS 和社会经济信息相结合的方法。

7）人力物资调度子系统

人力物资调度子系统根据人力、物资情况，以及出现的洪灾对交通网络、抗洪物资等的影响，建立资源分配实时调度模型，确定人力和救灾物资到达抢险救灾地区的行进路线、到达时间等参数，制订出优化的人力、物资调度方案，在此基础上，结合电子地图，显示出主要物资仓库的物资调运清单、调运路线、到达现场时间等信息，显示出各抢险救灾部队调动情况，以及抢险地点、行进路线、到达现场时间等信息，为防汛抢险现场指挥的领导进行人力、物资调度提供辅助决策信息支持。

8）防汛会商子系统

防汛会商子系统主要根据现有防洪工程情况和调度规则制订调度方案，做出防洪决策，下达防洪调度和指挥抢险的命令，并监督命令的执行情况、效果，根据水雨情、工情、灾情的发展变化情况，做出下一步决策。能制订出各种可行方案和应急措施，使决策者能有效地应用历史经验减少风险，选出满意方案并组织实施，以达到在保证工程安全的前提下，充分发挥防洪工程效益，尽可能减少洪灾损失。

9）水库优化调度子系统

水库优化调度子系统主要是在保证防洪的基础上，进行兴利调度，根据各部门的用水情况，同时考虑输水工程的进水情况，上游来水对水库淤积引起库容减小的影响；根据下游河道的泄洪能力，制订洪水调度计划。将气象水文预报系统提供的水文资料和大坝安全监测系统提供的坝体安全参数作为水库调度的决策依据。

2. 供水综合管理系统

1）用水管理子系统

用水管理子系统主要在供水监测系统基础上进行功能完善和改进，对采集的流量数据进行分析后，计算出各单位的用水量数据，作为水费收缴的依据。灌区用水管理，包括灌溉用水计划、灌溉面积、灌溉用水量的管理等。能及时为灌区管理单位制订科学的用水计划，提供基本依据，实现水资源的优化配置。

2）水费综合管理子系统

水费综合管理子系统主要对水库的用水单位进行水费收缴信息的统一管理。通过建立一个完整的用水管理平台，实现水费收缴体系公开化和透明化。可以通过网络自动完成水费的征收及查询统计工作，逐步实现网上自动交费。

3. 水库行政综合管理系统

水库行政综合管理系统根据水库管理局的内部现状，为进一步实现数字化办公，提高部门间的工作效率，提供信息共享和信息交换系统。该系统主要包括管理局办公自动化子系统、财务管理子系统、人事管理子系统、物资管理子系统、工程管理子系统、管理局网站子系统、水库信息公众服务子系统等。

4. 数字化档案管理系统

数字化档案管理系统主要对水库管理局的档案室所保存的以纸张为主的重要档案、文件、资料进行扫描，以数字化的方式保存到光盘或磁盘上。同时，也要保存以往生成的水雨情、工程观测、供水等电子版数字资料。对于现在和今后水库由计算机生产的数字文档，要通过制度规范，以便在规定的时间内，通过整理，纳入数字化档案管理系统中。该系统并不取代现有的以纸张为主的档案、文件、资料管理体系，而是一种计算机对资料进行的管理，使得档案易于复制、共享和方便查询的系统。

三、系统接口的开发

（一）水情（水质）自动测报系统的接口

水情（水质）自动测报系统的接口可以分为数据层和应用层两个层次：

（1）数据层：主要通过综合数据库软件将水情自动测报系统和水质监测站的数据库中的观测数据实时传输到综合数据库中，并保证数据的一致性。

（2）应用层：水情（水质）自动测报系统的相关应用应建立在 Web Service 的标准之上，因为 Web Service 基于标准接口，所以即使是以不同的语言编写并且在不同的操作系统上运行，它们也可以进行通信。

（二）与闸门远程监控系统、大坝安全监测系统的接口

与闸门远程监控系统、大坝安全监测系统的接口可以分为数据层、应用层和人机交互层三个层次。

（1）数据层：主要通过综合数据库软件将数据库中的观测数据实时传输到综合数据库中，并保证数据的一致性。

（2）应用层：信息管理中心的软件可以直接调用相关的信息，实现应用层次上的整合与集成。

（3）人机交互层：通过计算机网络显示在大屏幕上，实现同会商系统的集成。

（三）视频监控系统的接口

视频监控系统主要对闸门、库区进行实时图像的监控，与图像监控的接口主要可以分为数据层、应用层和人机交互层三个层次。

（1）数据层：在数据层要求综合数据库实现历史图像数据的管理，实现方法为：对于录制的历史图像数据，按照一定的顺序存放在图像目录下，通过数据库中的动态影像库加以管理（记录图像路径）。

（2）应用层：可在信息服务系统中直接调用。

（3）人机交互层：图像监控系统的人机交互界面可以通过计算机网络显示在大屏幕上，实现同会商系统的集成。

（四）气象、水文部门的接口

与气象部门的接口主要指可以从气象部门实时接收气象卫星云图、雷达回波图和天

气预报。数据接收后进入动态影像库和超文本库。

　　与水文部门的接口主要指可以从水文部门实时接收流域内相关水文站的水位、流量、降雨量，历史水文特征值和水文统计、水文预报等数据。数据主要存储在水雨情库。

　　具体实现的模式是：通过消息中间件技术实现同气象局和水文局的信息订阅。在信息管理中心建立自动接收处理软件，对订阅的信息进行接收处理，并将信息分类放入综合数据库中。

（五）与上级主管部门防汛指挥系统的接口

　　与上级主管部门防汛指挥系统的接口主要实现以下功能：

　　（1）实时接收和处理水利防汛指挥系统的调度指令。

　　（2）通过广域网向水利防汛指挥系统提供本系统所有的数据、应用调用、远程图像信息和人机交互界面的浏览。系统的接口开发研究流程如图4-4所示。

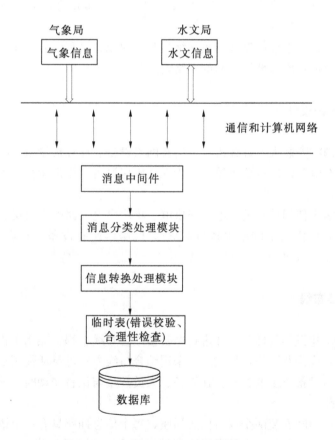

图4-4　系统的接口开发研究流程

四、信息管理中心设计的几个关键点

（一）网络设计思路

水工程局域网分为两级网络，即办公局域网和工程局域网。安全和最优的解决方案是：水工程办公楼局域网使用自适应交换机作为主交换设备，此交换机上应具备至少一个空闲的扩展插槽以备系统未来的扩展。在水工程信息采集区安装局域网交换机，此交换机采用自适应交换机。两台交换机之间使用单模光缆通过光纤收发器以 100 Mbps 的速率连接。从办公楼到工程的光缆使用室外光缆，其中用芯的分配有办公楼到信息采集点的计算机网络连接，工程附近的视频监视点传输视频信号与控制信号，另将距离较远的视频监视的光缆延伸到办公楼机房，另外已经考虑了部分的冗余线路，一般以保证30% ~50% 的线路冗余为宜。

需要说明的是，水工程信息计算机网络与互联网或者水利广域网连接时，需要增加网络防火墙，以保证水库内部局域网的网络安全。

（二）电源系统设计

办公楼机房内将安装大量计算机、通信及网络设备。计算机设备、网络设备等均为精密电子设备，对电源的质量要求较高。为保证机房设备的正常运行，需保证机房具备良好的供电条件。

机房设备电源应使用单独的供电线路供电。机房供电线路引入机房后接入到大功率稳压电源上，而后提供给不间断电源（UPS）。机房内所有设备工作电源均由 UPS 提供。

（三）办公楼布线

理想的方案是建设办公楼时一并进行办公楼综合布线工程，在水工程办公楼各个布设位置均预留语音线路及网络数据线路。采用综合布线方式可灵活使用线路资源，方便地进行设备类型与设备位置的调整，在设备、人员数量与位置变动时，无须重新敷设语音线路和数据线路。

在办公楼每个房间安装两个双口信息插座，每个信息插座具有一个语音线路接口和一个数据线路接口，在办公人数较多或面积较大的房间，可适当增加信息插座的数量。所有线路均采用超五类网线，以保证将来在线路不变的情况下可达到千兆的网络速度。

所有线路均引至机房配线架，而后根据每条线路的实际使用目的将其跳接到电话交换机或者网络交换机上。

（四）机房建设

为保证机房内良好的工作环境，在机房内铺设防静电地板，并使用钢制防盗门作为机房大门。机房内配备取暖、降温及通风设施，保证机房处于合适的温度和湿度范围。

在机房内安装机柜，将网络设备、计算机设备安装在机柜内。使用标准机柜，将综合布线配线架、网络交换机、电话交换机等设备安装在机柜内；各个自动化子系统所用服务器均采用机架式服务器，将所有服务器安装在机柜内部，这样除节省机房空间和便于设备的集中管理外，也使得机房内部整齐、美观。所有服务器安装在机柜内后，可以使用 KVM 切换器让所有服务器共用一套显示器、键盘、鼠标，既节省空间，也节省资金。机房应具有单独的接地设施，以保证机房设备的防雷安全。

第四节　综合数据库服务系统

一、需求分析

综合数据库是信息自动化管理系统的信息支撑层，存储和管理各应用子系统所需的公共数据，为应用子系统提供支持服务。同时，各应用子系统间数据交换的主要方式之一也主要是通过综合数据库进行的。水库信息管理中心综合数据库所存储的信息主要包括以下几类。

（一）水雨情信息

水雨情信息包括降雨量、水位、流量、水库蓄水量、进出库流量等信息，主要来自水雨情自动测报系统。

（二）视频信息

视频信息如水库工程视频信息主要指对水库大坝、库区、泄洪闸门前后等重要部位的图像监控，主要来自视频监控系统。

（三）工情信息

工情信息具体监测内容包括流域内水库、河道、闸坝等水利工程的设计指标、设计图、断面等工程信息，以及水库水位、大坝位移沉降、土坝浸润线、渗流及建筑物的应力应变观测等实时工情信息，闸站的闸门开度、过闸流量、上下游水位等闸门运行信息等。工情信息可以分为两大类：工程静态信息和工程运行信息。

（四）社会经济信息

社会经济信息主要指与水库管理日常工作相关的各种社会经济信息或办公信息。

（五）气象信息

气象信息主要包括气象卫星云图、雷达回波图和天气预报。主要来自于气象局。

二、总体设计

（一）设计原则

1. 统一规划和布局原则

根据水库综合自动化系统的实际需求及国家相关标准、规范的要求，按照统一规划、统一布局的原则进行数据库系统的设计。综合数据库的建设属于水库信息化建设的重要内容，也是信息化建设的基础工作。

2. 层次分明、布局合理的原则

数据库开发必须层次分明、布局合理。数据信息应自下而上，逐层浓缩、归纳、合并，减少冗余，提高数据共享程度。

3. 数据的独立性和可扩展性原则

应尽量做到数据库的数据具有独立性，独立于应用程序，使数据库的设计及其结构的变化不影响程序；反之亦然。应用系统在不断地变化，所以数据库设计要考虑其扩展接口，使得系统增加新的应用或新的需求时，不至于引起整个数据库系统的重新改写。

4. 共享数据的正确性和一致性原则

应考虑数据资源的共享，合理建立公共数据库。采用数据库分层管理，使不同层次的数据共享。另外，由于共享数据是面向多个程序或多个使用者的，多个用户存取共享数据时，必须保证数据的正确性和一致性。

5. 减少不必要的冗余

建立数据系统后，应避免不必要的数据重复和冗余。但为了提高系统的可靠性而进行的数据备份，以及为提高数据库效率而保留的适当冗余是必要的和必需的。

6. 保证数据的安全可靠

数据库是整个信息系统的核心，它的设计要保证其可靠性和安全性，不能因某一数据库的临时故障而导致整个信息系统的瘫痪。

（二）设计内容

数据库设计开发的内容包括数据库平台的选型，实时水雨情库、工情信息库、图形库、动态影像库、超文本库的逻辑设计，数据库应用软件的开发研究等。

三、数据库应用软件开发

综合数据库的开发是一项复杂的系统工程，需要严格遵守数据库建设的标准程序。综合数据库的入库主要包括各专业系统数据的接入和其他数据的录入。通过综合数据库的建设，按照统一的标准，利用 DBMS 提供的对异种数据库的整合技术、中间件技术及其他标准化措施，有效地实现现有信息资源的高效开发、利用与共享，节约资源，缩短开发周期。数据入库应该按照这样的指导思想进行：积极稳妥，去粗留精，开放标准，成熟先进。

（一）综合数据库 B/S 结构维护系统

综合数据库 B/S 结构维护系统功能部分主要包括系统管理、系统登录、数据管理、数据导入导出和在线帮助等。其中，数据维护是其主要功能，包含一般数据的常规操作，如增加、修改、删除等，还有查询系统、版面设置系统、过滤、排序等，是数据库数据录入人员最为常用的部分，因此要充分考虑易用性、简便性和有效性。

（二）数据库安全设计

数据库的安全是保证数据库以防止不合法的使用所造成的数据泄露、更改或破坏。在数据库系统中大量数据集中存放，为许多用户共享，安全问题显得很突出和很重要。

（三）信息查询功能设计

1. 基本信息

本部分主要是通过地图，用鼠标点击水库流域中各类信息，可进行查看和查询。共分如下几个部分：库区概况、行政区划、自然地理、气候特征、洪水特征描述及站点分布等。

1）库区概况

查询内容：水库简介、音像资料、库区地图等；格式为超文本文件；查询方式：在地图上用鼠标点击水库或超链接，弹出窗口显示被点击库区概况描述文件。

2）行政区划

查询内容：流域内行政区的描述文件；描述文件的内容包括经济、人口、城市、工农业情况等；格式为超文本文件。

3）流域自然地理

查询内容：水库流域内自然地理概述文件的网页超链接，网页内容包括地理概貌、水系、集水面积、河流特征、植被情况、地形地貌；格式为超文本文件；查询方式：点击流域自然地理后在改变显示地图的同时弹出窗口显示流域自然地理概述的网页。

4）流域气候

本部分操作结果均为超文本格式的网页文件：显示气候、降雨特征的文字描述网页文件，网页中可包含图片；显示历史典型降雨过程的文字描述网页文件链接及内容；显示各类气象要素统计值表。

5）洪水特征

弹出窗口显示洪水特征的文字描述网页文件，网页中可包含图片；内容包括洪水的形成、洪水类型、洪水发生时间、洪水的遭遇、水文资料情况、气象特性、洪水成因、洪水集中程度及洪水历时等。

6）站点分布

站点描述文本网页，内容为站点简介（包含相关的图片），可以通过点击地图选择站点，并浏览站点的描述等。

7）工程图表

点击地图上的相应点和面，可以直接查询、显示和打印以下基本图形数据：水库监控中心计算机网络连接图、水库大坝全景图、水库水工枢纽布置图、水库主要坝段剖面图、定时的上下游画面及大坝安全监测系统图等。

8）防洪调度

可以查询、显示和打印以下基本数据：最新预报成果、水库调度运用计划及防洪预案等。

2. 气象信息

按时间或时间段提供气象卫星云图、雷达回波图和天气预报的查询。

3．雨情信息

雨情信息中关注的雨量类型有时段雨量、日雨量、旬雨量、月雨量。面平均雨量则指一个区间（子流域）内的雨量站雨量按照算术平均或泰森多边形法所计算的平均雨量。

1）雨量检索

单站雨量检索：雨量过程柱状图，包括时段雨量柱状图、日雨量柱状图、旬雨量柱状图、月雨量柱状图。在该柱状图上同时显示该站的历史特征值和统计数据。

2）多站雨量检索

在地图上动态标注同一时段的多站降雨量值，超过报警门限的站点以闪烁显示。同时，显示数据列表。查询区间内的站点在选定时段内的雨量数据，并计算面平均雨量。

3）雨量图

点雨量分布图，将雨量查询结果值在地图雨量站上标注显示。同时，将降雨量站点数据列表显示。

4）面雨量分布图

查询指定发布的指定时间范围的降雨等值分布，统计不同级别的降雨面积。具有权限的用户可以编辑雨量图。

5）暴雨检索

检索指定时间范围的暴雨情况，并列表显示。

4．水情信息

1）水位—蓄水量过程

水位—蓄水量过程线中要求用不同的颜色表示水位、蓄水量数据系列；当鼠标在图形区间移动时，显示所对应时间、水位、蓄水量，可以在过程线上叠加显示设防水位、警戒水位、保证水位、历史最高水位、坝顶高程、警戒流量、保证流量及历史最大流量，默认进入时显示水位和蓄水量过程线，但是可以单独显示水位或蓄水量过程线，可以同时显示数据列表，并实现过程线图的打印。

2）水位—出库、入库流量过程

水位—出库、入库流量过程线中要求用不同的颜色表示水位、出库流量、入库流量数据系列；当鼠标在图形区间移动时，显示所对应时间、水位、出库流量、入库流量，可以在过程线上叠加显示死水位、汛限水位、设计水位、校核水位、坝顶高程等特征值，默认进入时显示水位—出库、入库流量过程线，但是可以单独显示水位、出库流量、入库流量过程线，也可以同时显示数据列表，过程线图可以打印。数据列表可以单独显示，列表可以根据时间进行重新排序，可以打印，也可以另存文件下载。

3）水库断面—水位图

水库断面—水位图要求结合水库的断面数据显示指定站点在选定时段的断面—水位关系图，采用实际断面形状，可以动画播放水位变化过程，并且在播放过程中显示时间、对应时间的水位、蓄水量、出/入库流量数据，可以在图上叠加显示死水位、汛限水位、校核水位、设计水位，实现同时显示数据列表，关系图可以打印。

4）水位—库容关系曲线

水库水位—库容关系曲线图显示指定水库的水位—库容关系曲线，当鼠标移到曲线范围内时，可以显示相应的水位和蓄水量数据，曲线图可以打印，同时显示数据列表（数据列表可以单独显示），可按水位进行重新排序，实现打印功能，也可以另存文件下载。

5. 大坝信息

1）数据查询检索

可实现对大坝坝体、坝基的渗流、水平位移、沉陷位移、渗漏等观测资料的实时查询。

2）数据统计分析

可进行特征数据统计，如统计本年度或本季度最大值、最小值，最大值和最小值出现的日期，最大变幅、平均值、标准差等，完成最新测报成果及月报。

3）图形化显示

系统分析结果可进行图形化显示，如浸润线分析结果，可绘制理论浸润线，实测浸润线，土坝外壳、心墙及测压管位置。测压管水位过程线可绘制库水位、测压管水位过程线、降雨过程线等。工程信息：显示测点布置图等。

6. 闸门信息

闸门运行信息：闸坝水位过程线显示指定闸坝站点在选定时段内闸上水位、闸下水位、闸门开度过程线，开高、荷载（最新操作结果），用不同的颜色表示各个系列；当鼠标在图形区间移动时，显示所对应时间、闸上水位、闸下水位、闸门开度；鼠标移动显示提供两种方式，一种是按小时显示，另一种是按数据点显示，同时显示数据列表。

7. 监视报警

数据报警：监视实时水情、雨情、气象和水文预报结果，对水位、雨量、流量等要素实现越限报警；在线监测系统主要设备的运行状态及大坝运行的各种状态，对设备故障进行告警。

8. 图像监视

连接图像监视系统，对闸门监控系统进行远程控制，全天候监视水库关键区域现场动态，及时发现设备工作异常情况、异常人员活动及可疑的目标等。

第五节　水库视频监视系统

一、设计原则

水库视频监视系统就是一个既完整又独立的系统。系统在开发时，根据"严密、合理、可能、经济、完善"的设计思想，努力做到安全、周密，兼顾其他。为达到最佳效果和最优性价比，系统开发时应遵循以下原则。

（一）技术先进性和可靠性

水库视频监视系统设计严密、布局合理，能与新技术、新产品接轨，采用当前先进的、具有很高可靠性的系统。

（二）成熟性和稳定性

水库视频监视系统规模较大，系统构成复杂。为保证系统的实用性，在考虑系统技术先进性的同时，从系统结构、技术措施、设备性能、系统管理、厂商技术支持及维修能力等方面着手，选用成熟的、模块化结构的产品，单点故障不会影响到整体，确保系统运行的稳定性，达到最大的平均无故障时间。

（三）经济性和完整性

水库视频监视系统设备齐全、功能完善、管理综合。系统建设始终贯彻面向应用、注重实效的方针，坚持以需求为核心，注重良好的产品性价比。同时，为保证系统在实际工作中更好地发挥作用，从整体上考虑系统技术手段的选择和前端设备的分布，确保系统能在各个流程、安全防范工作的各种关键环节实施有效的控制。

（四）开放性和标准性

为满足水库视频监视系统所选用的技术和设备的协同运行能力，系统采用标准化设备，并在开发上注意层次的切割与封装，允许其他应用的接入、调用及不同厂商标准化设备的兼容，从而使系统具有开放性。

（五）可扩展性和易维护性

水库视频监视系统具有扩展功能，并留有余量，且操作者无论对系统设置还是日常运行，通过键盘进行简单操作即可实现。

二、视频监视系统结构与组成

（一）前端采集系统

前端采集系统是安装在现场的设备，它包括摄像机、镜头、防护罩、支架、电动云台及云台解码器。它的任务是对被摄体进行摄像，把摄得的光信号转换成电信号。

（二）传输系统

传输系统是把现场摄像机发出的电信号传送到控制室的主控设备上，由视频线缆、控制数据电缆、线路驱动设备等组成。在前端与主控系统之间距离较远的情况下使用信号放大设备、光缆及光传输设备等，也可使用无线传输方式。

（三）主控系统

把现场传来的电信号转换成图像在监视器或计算机终端设备上显示，并且把图像保存在计算机的硬盘上；同时，可以对前端系统的设备进行远程控制。主控系统主要由硬盘录像机（视频控制主机）、视频控制与服务软件包组成。

（四）网络客户端系统

计算机可以在安装特定的软件后，通过局域网和广域网络访问视频监控主机，进行实时图像的浏览、录像、云台控制及进行录像回放等操作；同时，可不使用专门的客户端软件而使用浏览器连接主机进行图像的浏览、云台控制等操作。这种通过网络连接到监控主机的计算机及其软件就组成了网络客户端系统。

三、前端系统设计

（一）前端系统组成

前端系统主要由摄像机、镜头、防护罩、电动云台与支架、云台解码器组成。摄像机与镜头安装在室外防护罩内，为保证摄像机与镜头在室外各种环境下均能够正常工作，防护罩需具有通风、加热、除霜、雨刷功能。云台动作可完成全方位覆盖。解码器一方面给摄像机、镜头、云台提供各自所需要的供电电源；另一方面完成与监控主机的通信，将监控主机发送的控制数据转换为云台能够识别的控制信号，驱动云台进行动作。

（二）监视点分布

由于水库面积较大，大部分区域为水面，即使是仅覆盖全部岸边区域，也需设置大量监视点才能达到全部覆盖。若要对水面进行覆盖，很多监视点需要使用焦距范围很大的特种镜头，设备投资巨大，因此水库视频监视系统只对水库管理范围内的关键点进行覆盖就可以了。

（三）前端设备设计

在水库视频监视系统中，摄像机基本上都安装在室外，各个监视点的监视目标主要是人员的活动及监视是否有异常物体出现，监视点的监视区域不是固定的一点，而是覆盖一定范围的一个圆形或扇形区域。基于以上因素，前端设备基本类型可以确定为：

（1）摄像机与镜头：摄像机需具备相当的清晰度，采用电动变焦镜头、自动光圈，具备低照度拍摄功能。

（2）防护罩：室外护罩，尺寸根据摄像机与镜头尺寸确定。

（3）电动云台与支架：水平360°旋转，垂直90°俯仰，与防护罩类型和尺寸配套。

（4）云台解码器：220 V交流供电。

各个主要设备的选型要求如下：

（1）摄像机与镜头选择技术要求。

在前端设备选型设计中，首先需要考虑的是镜头类型的选择。对于电动变焦镜头，需根据监视区域大小确定镜头的变焦范围。镜头焦距范围是镜头选择的一个主要考虑因素，此外，还需要综合设备价格、尺寸、监视对象的活动规律、监视范围的特点等因素进行综合考虑以确定镜头的选择。水库大坝摄像机与镜头选择建议采用性价比高的内置22倍光学变焦镜头的一体化摄像机；必要时，增加监视点以扩大覆盖范围。一体化摄像机本身尺寸较小、重量较轻，安装布置方便。采用带 22 倍光学变焦的一体化摄像机时，一个监控点可以覆盖 300 m 以上半径的区域，在 160 m 以内可以清楚地识别出人的相貌。

（2）云台与防护罩选择的技术要求。

配合一体化摄像机，可采用枪式防护罩配合顶载电动云台，也可采用内置电动云台的球形防护罩。摄像机与镜头选择建议采用内置云台、解码器的球形防护罩。球形防护罩采用一体化设计，内置电动云台与云台解码器，所有线路连接均在防护罩内部进行，同时各个部件均安装在防护罩内，无外露部件，外形美观、防护性能好、安装和维护方便。

根据水库冬季低温的特点，防护罩需具备自动加热功能及雨刷、除霜功能，以保证室外全天候工作。

（3）安装方式确定。

前端系统使用杆式安装，即在监控点架设距离地面至少 6 m 以上的带有操作平台的安装支架，将前端设备安装在操作平台上方，以便于安装和维护。同时，安装支架顶部为避雷针，配合接地设施，可对安装支架上的设备提供可靠的防雷保护。

四、传输系统设计

传输系统任务是将前端系统采集的视频信号传输到监控机房，并将监控机房发出的云台、摄像机控制信号传输到前端。

目前，常用的传输方式是模拟传输方式或者数字传输方式，一般系统采用模拟光纤或者微波数字传输方式为多。根据水库地处现场的实际情况，灵活地选择传输系统的通信方式是非常必要的。

微波通信要求通信的两点彼此可视，因其频率很高，受气候影响很小，因此可以实现较高的数据传输速率，是无线局域网最常用的通信媒体。微波通信要求必须满足视距传播的要求，在水库现场通过合理设计微波基站的位置、天线高度及远端天线高度即可满足微波通信的要求。

采用微波 WLAN 传输方式时，需要考虑整个无线网络的带宽设计与带宽分配。考虑到微波传输系统将来扩展的余地及整个系统抗干扰能力等因素进行设计。由于各个前端基本上均位于室外环境，并且微波信号在馈线中的衰减很大，微波 WLAN 传输系统采用大功率的室外无线网桥作为微波传输设备，并将微波设备安装在尽可能靠近天线的位置。微波网桥采用一对多工作模式，即一个基站对应多个远端桥，多个远端桥共享网络带宽。

微波 WLAN 传输系统设计包括微波基站、远端网桥位置选择及工作频段设计与微波设备数量设计两个部分。

（1）基站、远端网桥位置选择。

基站部分设计主要是基站位置选择及基站天线高度、天线类型的确定。由于微波传输属于视距传输，从基站天线到远端的各个天线之间不能存在障碍物。以盘石头水库为例，管理所与水库库区左岸之间有一座小山阻挡了两者之间的视距传播。若想将微波基站设置在管理所附近，需将天线架高到小山高程 6 m 以上，才能保证全部库区的覆盖，这样将在天线塔的建设上投入大量资金。经过多方案的技术经济比较，建议将基站设备及基站天线设立在泄洪洞闸房楼顶，这样无须单独建设天线塔，在泄洪闸楼顶的摄像机安装支架上安装天线即可完成全部库区的覆盖。从微波基站到办公楼之间敷设一条单模光缆，使用一对以太网光纤收发器即可将微波基站与办公楼内的机房以以太网方式连接；同时，在泄洪闸控制室内安装一台 10/100 M/自适应交换机，可将微波基站设备、以太网光纤收发器及泄洪闸、取水闸控制计算机、泄洪闸附近的前端设备连接到此交换机上，并通过光缆与办公楼机房网络建立 100 M 速率的网络连接。微波网桥的远端天线与设备均安装在前端设备安装支架上，在此方式下，大坝泄洪闸附近共 4 个视频监控前端可以直接通过光缆将信号传输到监控机房，节省了微波设备的投资，也不占用微波系统的带宽。

（2）工作频段与微波设备数量设计。

WLAN 有工作在 2.4 G 频段的 802.11b 产品及工作在 5.8 G 频段的 802.11a 产品，其中前者的标称速率为 11 Mbps，在实际使用中，可用带宽大约为 5 Mbps，后者标称速率为 54 Mbps，实际使用的有效带宽约 20 Mbps。在保证 10 个通过微波进行信号传输的前端系统，每个均能够享有 1 Mbps 带宽的前提下，若使用前者，需要配备 2 套基站设备，每套基站设备使用一个 120°的扇区天线，各覆盖 5 个远端；若后者，则一套设备即可满足全部远端的带宽需求；虽然后者的价格比前者的价格高，但是由于只使用一套基站单元，在微波设备投资上相差不大，并且在带宽使用上，2.4 G 微波网桥已经将有效带宽基本全部使用，增加多个监视点后需要再增加微波基站设备才能满足带宽的需求，并且增加基站设备后还需要重新分配每个基站设备的覆盖范围；而 5.8 G 只使用了一半的有效带宽，还有相当大的扩展余地，在监视点数量增加时，只需增加远端设备即可，基站部分设备无须继续投资，也无须进行调整。因此，进行技术经济比较后，建议使用 5.8 G 微波网桥作为微波传输设备。使用 5.8 G 网桥时，基站设备仅配备一个 120°扇区天线，无法覆盖全部远端桥，此时可以使用功分器，让一套基站设备配备 2 个 120°扇区天线，以达到全部覆盖的目的。所有远端桥可配备定向天线，以提高无线信号接收效果。册田水库视频监视系统结构示意见图 4-5。

五、主控系统设计

主控系统任务是实时显示前端系统拍摄的图像并进行录像；在观看实时图像的同时，可控制云台、镜头动作；对历史录像进行检索回放；为网络客户端提供实时图像转播等。

在选用数字传输方式的条件下，主控系统只需配备一台高性能 PC 机或服务器作为视频监控主机，安装与前端视频编码器（网络视频服务器）相对应的视频监控软件包，即可完成主控系统全部功能。

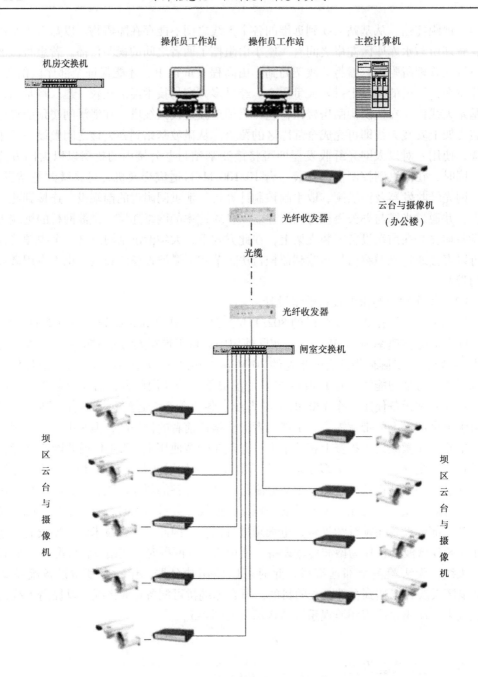

图 4-5　册田水库视频监视系统结构

　　视频监控主机需要配备大容量硬盘，以满足多路画面长时间 24 h 连续录像的存储需求。在使用 MPEG4 压缩方式时，1 路实时画面（25 帧/s）的录像文件大小约为 150 Mbps/h，在图像动态较小或夜间录像的情况下，录像文件大小将大大减小。若以 15 路图像 24 h 连续录像一周计算，需要的硬盘存储空间大约为 350 G，此外还需要一部分空间用于安装操作系统、应用程序及系统文件备份。建议视频主机配备两块 SATA 接口的 240 G 硬盘，以保证足够的存储空间。

视频监控系统需配备至少 1 台操作员工作站，用于操作人员实时观看图像和控制云台、镜头动作。操作员工作站配备光盘刻录机，可将重要录像画面转储到光盘上。另外，配置等离子电视挂墙，以便于直观监视库区实况。

六、系统性能指标

摄像机与镜头性能指标要求：清晰度 480 TV 线，日/夜模式自动转换，最低照度 0.1 LUX，最低 22 倍光学变焦 + 10 倍电子变焦；云台、防护罩等：内置电动云台的 9″ 球形防护罩，云台水平 360°旋转，垂直 90°俯仰，带有加热功能；传输能力：传输稳定、延迟小，满足 25 帧/s 实时传输，每个监视点均保证稳定传输速率在 512 kbps 以上；主控系统：16 路画面可同时显示、录像，存储空间可保证 24 h×7 天连续录像，支持通过网络远程观看图像和控制云台、镜头，具备录像文件的检索、回放功能；安全性与可靠性：所有设备均可在室外长时间连续工作，所有设备均安装牢固，具备一定的防破坏能力。

参 考 文 献

[1] 吴天准. Delphi 7 程序设计技巧与实例［J］. 北京：中国铁道出版社，2003.

[2] 康玲，龚传利，姜铁兵. 水电站闸门自动监控系统集成与容错技术研究［J］. 水力发电学报，2003（2）：109-114.

[3] 马国华. 监控组态软件及其应用［M］. 北京：清华大学出版社，2001.

[4] 周美兰，周封，王岳宇. PLC电气控制与组态设计［M］. 北京：科学出版社，2003.

[5] 章文浩. 可编程控制器原理及实验［M］. 北京：国防工业出版社，2003.

[6] 常健生. 检测与转换技术［M］. 北京：机械工业出版社，2000.

[7] 魏永广，刘存. 现代传感器技术［M］. 沈阳：东北大学出版社，2001.

[8] 吴建华，康永辉. 水情自动测报系统及GSM技术的应用［J］. 山西水利科技，2005（1）：32-34.

[9] 洪水棕. 现代测试技术［M］. 上海：上海交通大学出版社，2002.

[10] 王运洪，李宁生，等. 水利信息化技术应用与发展［M］. 北京：中国水利水电出版社，2004.

[11] 王常力，廖道文. 集散型控制系统的设计及应用［M］. 北京：清华大学出版社，1993.

[12] 李继珊. 泵站测试技术［M］. 北京：水利电力出版社，1987.

[13] 陈宇. 可编程控制器基础及编程技巧［M］. 广州：华南理工大学出版社，2000.

[14] 王建武，陈永华，王宪章，等. 水利工程信息化建设与管理［M］. 北京：科学出版社，2004.

[15] 吴建华，康永辉. 呼和浩特市西河综合治理工程自动化监控系统［J］. 山西水利科技，2004（3）：20-28.

[16] 王永华，王东云. 现代电气及可编程控制技术［M］. 北京：北京航空航天大学出版社，2002.

[17] 华东水利学院《模型试验量测技术》编写组. 模型试验量测技术［M］. 北京：水利电力出版社，1984.

[18] 孙传友，孙晓斌. 测控系统原理与设计［M］. 北京：北京航空航天大学出版社，2002.

[19] 李纪人，黄诗峰. "3S"技术水利应用指南［M］. 北京：中国水利水电出版社，2003.

[20] 盛寿麟. 电力系统远程监控原理［M］. 2版. 北京：中国电力出版社，1998.

[21] 刘忠源. 徐睦书. 水电站自动化［M］. 武汉：武汉大学出版社，2002.

[22] 谢克明，夏路易. 可编程控制器原理与程序设计［M］. 北京：电子工业出版社，2002.

[23] 朱晓青. 过程检测控制技术与应用［M］. 北京：冶金工业出版社，2002.

[24] 刘向群. 自动控制元件（电磁类）［M］. 北京：北京航空航天大学出版社，2001.

[25] 张震宇，武洪涛，张绍峰. 数字水利环境工程应用［M］. 北京：科学出版社，2004.

[26] 刘家春，李少华，周艳坤. 泵站管理技术［M］. 北京：中国水利水电出版社，2003.

[27] John Hall. Choosing a flow monitoring device［J］. Instruments & Control Systems，1981，54（6）.

[28] Nicholas P Cheremisinoff. Applied Fluid Flow Measurement［M］. Marcel Dekke，Inc，1979.

[29] 曾声奎，赵延弟，康锐，等. 系统可靠性设计分析教程［M］. 北京：北京航空航天大学出版社，2000.

[30] 邹益仁，马增良，蒲维. 现场总线控制系统的设计和开发［M］. 北京：国防工业出版社，2003.

[31] 陈宇，段鑫. 可编程控制器基础及编程技术［M］. 2 版. 广州：华南理工大学出版社，2002.

[32] 陈乃祥，吴玉林. 离心泵［M］. 北京：机械工业出版社，2003.

第五章 水库水质监控系统的开发

第一节 综 述

在"十二五"规划中,已明确将氨氮、氮氧化物的监测约束性指标加入现有的监测指标中,因此水质监测行业必将在现有基础上增加这两方面设备的投入,水质监测行业今后将会继续稳定、持续地发展;运营市场方面,随着有关部门监管力度的加强,运营企业的数量将逐渐缩小,少数规模大、实力强的运营企业将逐渐成为运营市场的主力军。随着国家对环境保护的日益重视,水质监测行业竞争将不断加剧,国内优秀的水质监测企业将迅速崛起,逐渐成为水质监测行业的翘楚!

随着我国人口的不断增加,以及城市数量和规模的迅速增加与扩张,城市生活污水问题日益严重。从我国污水排放结构来看,居民污水排放量在 1999 年首次超过工业污水排放量,之后的 10 多年间,居民污水在我国城市污水排放中一直处于首要地位,且比重逐年增加。

从 2006~2010 年我国居民和工业污水排放数据来看,2006 年,全国城镇生活污水排放量 296.6 亿 t,工业污水排放量 240.2 亿 t;2010 年,全国城镇生活污水排放量 379.8 亿 t,工业污水排放量 237.5 亿 t。

2011 年,全国地表水总体为轻度污染,湖泊(水库)富营养化问题仍然较突出,长江、黄河、珠江、松花江、淮河、海河、松辽河、浙闽片河流、西南诸河和内陆诸河十大水系监测的 469 个国控断面中,Ⅰ~Ⅲ类、Ⅳ~Ⅴ类和劣Ⅴ类水质断面比例分别为 61.0%、25.3% 和 13.7%,主要污染指标为化学需氧量、五日生化需氧量和总磷,其中又以海河、淮河、松花江和辽河等地表水污染较其他水系污染严重。同时,在 2011 年监测的 26 个国控重点湖泊(水库)中,Ⅰ~Ⅲ类、Ⅳ~Ⅴ类和劣Ⅴ类水质的湖泊(水库)比例分别为 42.3%、50.0% 和 7.7%,主要污染指标为总磷和化学需氧量。

环境保护已经越来越受到国家的重视,我国已将环境保护列为一项基本国策,狠抓环境质量,作为环境保护细分领域的水质监测行业,也受到了各级政府部门的重视。为了治理水污染问题,政府投入数万亿元的资金治理水污染,这必将带动一批与此相关的行业发展。

《2014 - 2018 年中国水质监测行业发展前景与投资机会分析报告》的数据显示，2012 年，我国水质监测设备的市场销量 12 130 套，共实现销售收入总额约为 19.80 亿元，同比增长 21.32% 。2013 年，我国水质监测设备市场销量大约为 15 769 套，行业共实现销售收入约为 23.76 亿元。

水质监测是监视和测定水体中污染物的种类、各类污染物的浓度及变化趋势，评价水质状况的过程。水质监测的主要监测项目可分为两大类：一类是反映水质状况的综合指标，如温度、色度、浊度、pH、电导率、悬浮物、溶解氧、化学需氧量和生物化学需氧量等；另一类是一些有毒物质，如酚、氰、砷、铅、铬、镉、汞和有机农药等。为客观地评价江河和海洋水质的状况，除上述监测项目外，有时需进行流速和流量的测定。

第二节　水质监测的布设原则和体系结构

一、水质在线监测点的布设

（一）监测点的布设原则

依据《国家水资源监控能力建设项目实施方案（2016 - 2018 年)》要求，水质在线监测点的布设应按照以下原则：

（1）实时掌握 20 万以上供水人口地表水源地水质状况。

（2）及时发现水源地水质变化情况，及时预警。

（二）监测点的布设数量

根据上述布设原则，山西省需布设水源地水质在线监测点共计 13 个，其中省（国)控项目要求检测的地表水水源地检测点共 2 个。山西省水源地监测点基本情况如表5-1 所示。

万家寨—汾河水库水源地检测站已于国控一期建设完成，二期新建水源地自动监测站为 1 处（松塔水库水质自动监测站）。经实地勘察，松塔水库已经建有 1 套 6 参数（常规 5 项 + COD）水质监测系统（未启用）。

表 5-1　　山西省水源地监测点基本情况

序号	水源地名称	所属流域	取水水源类型	供水目标城市	水源地设计供水人口（万人）	2014 年供（取）水量（万 m³）	在线水质监控情况
1	万家寨—汾河水库水源地	黄河	水库	太原市	180.0	26 800.0	一期已建
2	松塔水库水源地	黄河	水库	晋中市	60.8	375.7	有设备未启用

二、水质在线监测体系结构

（一）监测要素

水量监测应监测其水位并换算成蓄水量，水质自动监测应以常规水质五参数（水温、pH、溶解氧、电导率、浊度）和水功能区纳污总量考核指标 COD、氨氮为监测参数。根据实际情况，新增总磷、总氮、砷、铅等指标。

（二）监测频次

监测点信息采集的主要功能是：自动采集水功能区监测点驻测的水位水质数据。要求可实现自动报送和人工报测两种方式，在必要时可人工置入数据，并通过通信信道实现向监控中心的数据报送。

监测点平时工作在待机状态，当到达设置工作时间时，在线监测系统启动，经过自动采样和水样处理，样品进入在线自动监测仪进行检测分析，传输设备能对收集到的数据进行简单的在线处理，并存储在本地，将水质数据发出后系统控制关闭，监测点重新进入待机状态。

监测点自动监测系统具备自动运行、停电保护、来电自动恢复功能，能接收远程控制信号，可根据要求进行远程监控，实现水样采集、分析和设备维护等功能。

采集频次要求：新建测站或接入测站监测频次常态情况下设置为每 4 h 监测一次（每天 6 个监测频次，时点分别为北京时间 04∶00、08∶00、12∶00、16∶00、20∶00、24∶00），当发现水质状况明显变化或出现突发水污染事故时，应将监测频次加密为每 2 h 一次。能连续监测的项目（如水温、pH、电导率、浊度、溶解氧等）可实时采集数据。

（三）信息传输

　　信息传输主要负责完成数据从测站到远程中心的传输工作。信息传输需要两条通信线路，其中一条作为主信道，另一条作为备用信道。主信道使用具有 VPN（虚拟专用网络）通信功能的 ADSL 上网方式，该方式稳定性好、速度较快，具有较好的扩展性；备用信道采用具有 VPN 通信功能的无线上网方式。VPN 通信功能是一种依托于互联网形成自己的加密隧道的通信传输方式，既利用了互联网，又具有安全性。当主信道不通时，能自动切换到备用信道工作，而主信道恢复正常时，又自动切换到主信道工作，并且预留标准 RS232/RS485 通信口，可支持其他通信方式。水库水源地在线监测点信息传输流程见图 5-1。

　　采用 VPN 传输方式，自动传输监测数据，并保证数据传输的安全性，满足自动站数据传输和远程控制的需要。支持通过 GSM/GPRS 短消息接收历史数据和报警数据。实时显示系统控制状态，远程设置仪器参数，远程修改系统控制参数。采集过程中实时显示通信状态、数据大小和数据时间。自动记录数据采集异常信息，便于用户全面管理数据。树形结构显示所有监测点，层次清晰，反映不同级别监测点的从属关系，系统能够存储的监测点个数不受限制，可灵活设置各监测点参数。

　　（1）支持拨号方式的通信。

　　（2）支持硬件 VPN 设备 + ADSL 上网方式。

　　（3）支持无法接通 ADSL 时，采用 VPN 设备 + CDMA 上网方式。

　　（4）以上两种条件都不具备时，支持 VPN 设备 + GPRS 上网方式。

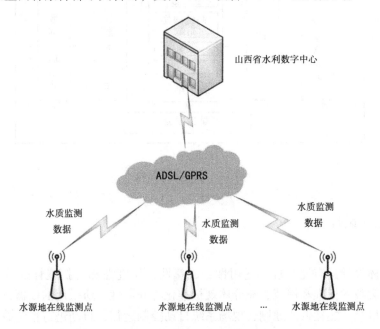

图 5-1　水库水源地在线监测点信息传输流程

（1）通过通信信道实时传输监测数据和设备工作状态数据，与监控中心采用统一开放的标准通信协议。

（2）通信传输单元的软件功能应集成在现地站工控机的软件系统当中。具备远程接收和被控端模块，包括系统控制响应、传输等模块。

（3）具有将设备故障自动报警、异常值自动报警和参数超标（上、下限）报警等报警信号自动发送至远程控制中心的功能。

（4）系统自动下发基站通信服务器获取到的控制命令，通过组态软件与各端口通信，实现对系统的控制操作，包括让系统自动测试、强制待机、自动清洗等。

第三节　水质在线监测典型设计

水质在线监测站系统由采水单元、配水单元、检测单元、控制单元、数据采集单元、数据传输单元和辅助单元组成。测站系统结构见图 5-2。

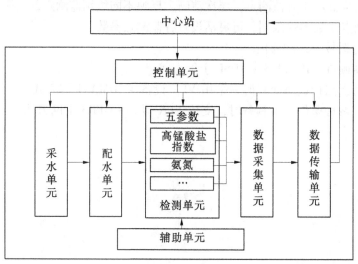

图 5-2　测站系统结构

一、总体设计

系统总体设计具有完整性、适用性、成熟性、先进性和可扩展性的特点，符合国家、行业有关技术标准和规范，充分体现标准化与开放性。所采用的仪器设备符合结构简单、性能可靠、能耗低的原则，现场系统自动控制运行，自动进行系统故障诊断，并可在无人值守的情况下长期工作。系统具有良好的兼容性和可扩展性，充分考虑将来仪表的扩充要求，相关设备保留相应的余量和接口。取样方式设计合理，不影响水质参数的检验结果，在恶劣气候下可稳定运行。具有仪器基本参数储存，断电、断水自动保护与来电、来水自动恢复功能。能够判断故障部位和原因，具备故障自动报警以及状态异常自动报警功能，具备监测参数设置功能。一旦发现被测断面水质出现异常，系统能够及时报警并自动采集断面瞬时样品（配置水质自动采样器）。

二、分析仪器技术指标

（一）常规五参数

1. 温度

（1）测定方法：温度传感器法。
（2）测量范围：$-5 \sim 70$ ℃。
（3）准确度：± 0.1 ℃。
（4）响应时间：< 0.5 min。

2. pH

（1）测定方法：玻璃电极法。
（2）测量范围：$0 \sim 14$ pH。
（3）准确度：灵敏度为 ± 0.01 pH，分辨率为 $\leqslant 0.01$ pH。
（4）响应时间：< 0.5 min。

3. 溶解氧

（1）测定方法：膜电极法/荧光法。
（2）测量范围：$0 \sim 20.00$ mg/L。
（3）准确度：< 1 mg/L 时，± 0.1 mg/L；> 1 mg/L 时，± 0.2 mg/L；分辨率为 0.01 mg/L。
（4）响应时间：< 0.5 min。

4. 浊度

（1）测定方法：光散射法。
（2）测量范围：$0 \sim 4\,000$ NTU。
（3）准确度：± 0.001 NTU 或 $< 1\%$ 读数；重复性：$< 1\%$ 读数。
（4）响应时间：< 0.5 min。

5. 电导率

(1) 测定方法：电极法。
(2) 测量范围：0 ~ 2 000 000 μS/CM。
(3) 准确度：读数值的 ±0.01%；分辨率为 ≤0.01 μS/CM。
(4) 响应时间：<0.5 min。

(二) COD 技术指标

(1) 测定方法：高锰酸钾氧化还原法。
(2) 重复性误差：≤4% FS。
(3) 量程漂移：±3% FS。
(4) 零点漂移：±3% FS。
(5) 实际水样比对试验：±3% FS。

(三) 氨氮在线分析仪技术指标

(1) 测量范围：0 ~ 8/80/300 mg/L (更多量程可扩展)。
(2) 检出限：≤0.02 mg/L。
(3) 准确度：±5% 或 ±0.1 mg/L (二者中的较大值)。
(4) 平均无故障连续运行时间：1 440 h/次。
(5) 精密度：≤3%。
(6) 零点漂移：±0.5%。
(7) 量程漂移：±1.5%。
(8) 测量模式：间隔测量 (1 ~ 9 999 min)、整点测量、手动/远程触发测量。
(9) 校准模式：自动校准 (可设置校准间隔)、手动/远程触发校准。
(10) 通信接口：4 ~ 20 mA、RS232/ RS485。

(四) 总磷在线分析仪技术指标

(1) 测量范围：0 ~ 2.0/10.0/50.0 mg/L (可扩展)。
(2) 重复性误差：±1.5%。
(3) 准确度：±3%。
(4) 平均无故障连续运行时间：1 440 h/次。
(5) 零点漂移：±0.1%。
(6) 量程漂移：±1.5%。
(7) 检出限：0.005 mg/L。
(8) 测量模式：间隔测量 (1 ~ 9 999 min)、整点测量、手动/远程触发测量。

（9）校准模式：自动校准（可设置校准间隔）、手动/远程触发校准。

（10）通信接口：4～20 mA、RS232/ RS485。

（五）总氮在线分析仪技术指标

（1）测量范围：0～50.0 mg/L（可扩展）。

（2）准确度：±5%。

（3）精密度：≤5%。

（4）平均无故障连续运行时间：1 440 h/次。

（5）检出限：≤0.05 mg/L。

（6）测量模式：间隔测量、整点测量、手动/远程触发测量。

（7）校准模式：自动校准（可设置校准间隔）、手动/远程触发校准。

（8）模拟输出及通信：4～20 mA、RS232/ RS485。

（9）具备管路反冲洗功能，防止出现管路堵塞等现象。

（六）砷在线分析仪技术指标

（1）测量方法：分光光度法。

（2）测量范围：0～1.0/2.0/5.0 mg/L（可扩展）。

（3）检出限：≤0.02 mg/L。

（4）准确度：±5%。

（5）平均无故障连续运行时间：1 440 h/次。

（6）精密度：≤3%。

（7）零点漂移：±1%。

（8）量程漂移：±1%。

（9）定量下限：0.05 mg/L。

（10）单次测量试剂消耗量：＜2.0 mL。

（11）具备管路反冲洗功能，防止出现管路堵塞等现象。

（12）测量模式：间隔测量（1～9 999 min）、整点测量、手动/远程触发测量。

（13）校准模式：自动校准（可设置校准间隔）、手动/远程触发校准。

（14）模拟输出及通信：4～20 mA、RS232/ RS485。

（七）铅在线分析仪技术指标

（1）测量方法：分光光度法。

（2）测量范围：0～1.0/2.0/5.0 mg/L（可扩展）。

（3）检出限：≤0.02 mg/L。

（4）准确度：±5%。

（5）平均无故障连续运行时间：1 440 h/次。

（6）零点漂移：±1%。

（7）量程漂移：±1%。

（8）测量模式：间隔测量（1～9 999 min）、整点测量、手动/远程触发测量。

（9）校准模式：自动校准（可设置校准间隔）、手动/远程触发校准。

（10）模拟输出及通信：4～20 mA、RS232/ RS485。

三、采水单元

采水单元设计参照相关标准及建设单位意见，需在前期项目水质取样主管路上取一支管路作为采水管，利用水库水平面和监测站 40 多 m 的高度差将水样压入配水单元。

采水单元要设计合理，充分考虑材料设备的选型，能适应各种气候、地形、水位变化及水中泥沙等环境以及安全防护等因素，能够确保采水系统达到预期的功能、效果。

保温与防冻：考虑冬天温度低，系统管路敷设设计时，需考虑防冻措施。水气界面全程伴热，管线外加密封保温材料进行保温，敷设相同长度的伴热管线，保持采样系统温度在冰点以上，保证水管不被冻坏。

四、配水单元

配水单元是将采水单元采集到的样品根据所有分析仪器和设备的用水水质、水压与水量的要求分配到各个分析单元及相应设备，并采取必要的清洗、保障措施，以确保系统周期运转。

系统采用水库和监测站的压差进样，主进水管路串联、仪器并联取样的方式，任何仪器出现故障都不会影响后续仪器的工作。另外，在系统中可增加清洗、曝气过程，每次分析结束后，都清洗一次所有管路（包括采水管路和配水管路）。

五、水预处理单元

水样的预处理可保证分析系统的连续长时间可靠运行，不采用拦截式过滤装置。本单元包括原水的沉砂、过滤等。原水经采水单元后进入水砂分离器进行除砂，后陆续经过斜管沉砂、沉砂桶等设备，再经过循环过滤器送入样水杯供分析仪表使用（注：五参数仪表用水不需要沉砂和过滤，直接由采样泵送入仪表）。

在不失去水样代表性的前提下，对水样进行预处理，预处理的目的是消除干扰仪表分析的因素，采用多级预处理方法，以初级过滤和精密过滤相结合，水样经初级过滤后，消除其中较大的杂物，再进一步进行自然沉降（经过滤沉淀的泥沙定期排放），然后经精密过滤进入分析仪表。精密过滤采用旁路设计，根据不同仪表的具体要求选定，它与分析仪表共同组成分析单元。

预处理系统的设计应该满足以下要求：

具备自动反清（吹）洗功能，预处理单元的自动运行及定时反清（吹）洗由控制系统控制，并能够在中心站计算机的控制画面中通过指令来切换预处理单元是处于自动运行状态还是反清（吹）洗状态。

预处理单元能在系统停电恢复并自动启动后按照采集控制器的控制时序自动启动。

由于预处理单元关系到整个仪表分析系统的可靠性，因此预处理的阀组件采用优质气动阀或电动阀。

除五参数外，其他参数采用能满足分析仪表要求的多级预处理系统，进水的停留时间不超过 30 min，并需备清砂、排砂功能的装置。

根据需要，配置高压反冲洗的预处理装置。可根据配套仪表对过滤的不同要求选用不同规格的金属膜，各连接口尺寸与分析仪器和系统管道配合。预处理装置由经水气反冲器加压的水样进行自动反冲洗，以防止其堵塞，确保分析仪表的正常运行。

预处理单元的自动运行和自动清洗由基站控制管理系统控制，也可由中心站通过指令由基站控制管理系统实施实时控制。控制阀体采用高可靠性的 PVC 电动球阀，可以避免产生电磁阀关不严、打不开的现象。

为保证不同分析仪器或传感器对监测水样流速的需求，预处理单元具有分流配水和控制监测水样流速的功能。特别是为保证溶解氧的正确测定，严格控制流经溶解氧探头的水样流速。

预处理单元能在系统停电恢复并自动启动后按照采集控制器的控制时序自动启动。

保证处理后的水质不仅要消除杂物对监测仪器的影响，又不能失去水样的代表性。根据不同仪器采取恰当的过滤措施，特别情况下，选择精密过滤器对水样进行二次处理。在不违背标准分析方法的情况下，通过过滤达到预沉淀的效果，也可通过预沉淀替代过滤操作。

六、系统除藻

系统除藻采用热水进行管路清洗，系统内置不锈钢存水桶并设置水样加热装置，存水容积能够满足管路清洗要求，避免采用加药反清洗影响被测水样。

（一）技术特点

采用无除藻剂等氧化性试剂，使得该装置具有杀菌、灭藻的高效性和安全性，使水体不会产生二次污染，能防止水中产生细菌和病毒，设备安装、操作、维护简单，运行安全。

（二）废液处理方案

为防止仪器废液对环境造成二次污染，系统需设计独立的废液收集系统，即通过专用的防腐蚀管路与仪器废液管路连接，配备专用的废液收集桶，通过两路电磁阀控制开关，将废液收集至桶内，并避光保存。废液收集桶内安装液位感测器，废液达到一定液面后产生报警信号，系统软件接收到报警信息后，停止报警管路上的电磁阀工作，同时启动另一路电磁阀开始收集，并以短信方式通知运营维护人员和监测中心人员，需及时进行废液收集和专业处理。即原水进入取水管路，不与仪器、试剂有任何的直接接触，保证"原水进入，原水排出"。

（三）试剂漏液检测

设备支持试剂漏液检测功能，当检测设备检测到试剂泄漏时，产生报警信息并同时停止设备运行。

七、控制单元

（一）概述

控制单元的核心是 PLC 控制器和现场工控机系统。现场工控机系统通过 PLC 控制器完成对系统各单元的控制，自动站检测设备与现场工控机通过有线传输，保证数据传输准确可靠。

PLC 控制器通过输出点位控制水泵、阀门等设备来完成采水系统、水处理单元、废液收集单元工作控制，通过输入点位读取水箱水位、压力及其他传感器信号和仪器检测参数、废液收集单元液位。

PLC 控制器与其他控制部件都集成在中心控制柜中，中心控制柜面板支持手动操作按钮，包括清洗、采水、仪表触发、仪表停止、仪表运行、系统自动运行等按钮，并提供运行指示灯和告警指示灯。PLC 控制器的输入输出接口数量满足系统控制点的需求，并且能预留一定余量，以便以后扩展。

现场工控机部署在一体式系统机柜中，运行现场监控软件和数据采集与传输软件。经 RS232 串口与 PLC 控制器相连，通过读取 PLC 状态点位获取系统运行状态，根据系统运行情况发送相应指令给 PLC，控制各控制部件执行相应动作，实现采水、水处理、管路清洗，并在采配水预处理完成后自动控制启动各仪表测量，支持仪表校准周期到来时自动控制仪表进行校准。

现场工控机和 PLC 控制器支持自动启动，在断电恢复时能够自动运行，并控制系统各单元恢复到正常工作状态。

PLC 控制器采用较高主频和较大内存，保证运行快速。现场工控机要求运行速度快，内存容量大，操作系统采用 Windows 系统，操作界面良好，兼容性好，易于操作，功能强大。

（二）监控软件

现场监控软件界面友好，中文显示，操作方便，易于修改，升级方便。具有仿真界面，可动态显示各单元设备工作状态参数。当进行采水、预处理、排水、清洗时，相应的设备、泵、阀开关情况都会依据实际情况显示在界面上，表现直观。

现场监控软件主要功能包括系统控制、数据采集存储、数据传输、报表查询、仪表控制、参数设置、日志查询、用户管理。

（三）环境安全保障设计

配电系统支持对各设备（包括各监测仪表）进行电源控制，系统能自动识别断水、断电、仪器故障，并启动相应的安全保护。

采用三相五线制进线供电，动力设备、监测仪器和现场工控机、辅助设备分相供电，避免相互干扰，并保持三相用电的平衡，每相供电能力预留一定余量，方便扩充。

全部仪器设备等供电电缆、信号电缆均采用高质量屏蔽电缆，穿管或在线槽中布线，整齐美观。主要配件（如空气开关、按钮、转换开关、继电器、输入输出接线端子等）采用优质产品，符合相关部门抗电磁辐射、电磁感应的规定。

（四）数据采集及传输单元软件

数据监测频次可根据监测仪器对每个样品的分析周期来确定，最低监测频次应满足水源地保护和水质分析的需要。在污染事故阶段或水质有明显变化期间，可设置较高的监测频率；在以上条件允许时，还应充分考虑水质自动站运行的经济性，尽量降低运行费用。监测频次常态情况下设置为每 4 h 监测 1 次（每天监测 6 次，时点分别为北京时间 04：00、08：00、12：00、16：00、20：00、24：00），当发现水质状况明显变化或出现突发水污染事故时，应将监测频次加密为每小时 1 次。能连续监测的项目（如水温、pH、电导率、浊度、溶解氧等）可实时采集数据。

数据采集与传输软件负责采集监测数据、现场设备状态参数、告警记录，并将这些数字信息传输到监控中心，配合视频监控信息，以便远程了解现场站点工作状态，实现数据实时传输的自动化。还可以接收来自监控中心的控制指令，实现双向传输。软件的数据发送、接收、处理和远程控制等技术路线与已建自动站具有统一性，后期软件系统兼容前期软件，不会存在双系统并行情况。数据处理与传输完整、准确、可靠，A/D 转换误差≤1%。

数据采集与传输软件安装运行在现场基站工控机上，包含数据采集、数据存储、实时数据监视、数据分析、数据传输、报警管理等模块。

（五）网络通信系统

核心交换区：配置 1 台千兆交换机，保证内网高速、可靠、互联。

本项目采用的交换机是自主开发的新一代高性能、高安全、智能化三层以太网交换机产品，交换机基于业界领先的高性能硬件架构和软件平台开发，具备先进的硬件处理能力、丰富的业务特性，可以提供大容量的千兆接入端口，同时具备高密度万兆光/电上行能力，满足用户对园区网高密度接入、高性能汇聚的使用需求，以及最低成本的万兆互联/虚拟化方案。同时，支持嵌入式管理软件，通过内置统一管理软件，可提供跨服务器、存储、网络以及虚拟化的全融合管理，简化部署安装，优化运维管理。

参 考 文 献

[1] 龚尚福，席曼，李雅玲. 信息系统集成与数据集成策略 [J]. 西安科技大学学报，2008，28（2）：354-356.

[2] 殷蓬. 基于 C/S 的水库群信息管理系统的设计与实现 [J]. 计算机光盘软件与应用，2013（15）：235-236.

[3] 陈鲲. 水库群联合供水方案模拟优化研究 [J]. 人民黄河，2015，37（12）：50-53.

[4] 彭天波，杨常武，邵志刚，等. 湖北水库群管理信息系统数据通信及可靠性 [J]. 湖北电力，1998（3）：69-72.

[5] 龚尚福，席曼，李雅玲. 信息系统集成与数据集成策略 [J]. 西安科技大学学报，2008，28（2）：354-356.

[6] 薛建民，于吉红，杨侃，等. 基于改进库群系统的多目标优化水量调度模型及应用 [J]. 水电能源科学，2016，34（8）：54-58.

[7] 孙娟绒. 山西省能源基地水中长期供求探析 [J]. 水利规划与设计，2015（2）：3-6.

[8] Zhenjiang Dong, Lixia Liu, Bin Wu, et al. MBGM: A Graph – Mining Tool Based on MapReduce and BSP [J]. ZTE Communications，2014（4）：16-22.

[9] Wang Q, et al. Sensitivity Analysis of Thermal Equilibrium Parameters of MIKE 11 Model: A Case Study of Wuxikou Reservoir in Jiangxi Province of China [J]. Chinese Geographical Science，2013（5）：584-593.

[10] 陈鸣，吴永祥，陆卫鲜，等，Info Works RS、Flood Works 软件及应用 [J]. 水利水运工程学报，2008（4）：19-24.

[11] 刘超，刘子辉. 水资源调配模型基本原理探讨 [J]. 水利科技与经济，2015（7）：35-36，56.

[12] 雷晓辉，王旭，蒋云钟，等. 通用水资源调配模型 WROOM Ⅱ：应用 [J]. 水利学报，2012（3）：282-288.